绿色低碳建造与建筑业高质量发展探索与实施丛书

丛书主编　陈浩

High Assembly Rate Green Building and Construction Demonstration

Hunan Creative Design Headquarters Building

高装配率绿色建筑及建造示范

湖南创意设计总部大厦建造纪实

周湘华　肖经龙　甘海华　主编

中国建筑工业出版社

图书在版编目（CIP）数据

高装配率绿色建筑及建造示范：湖南创意设计总部
大厦建造纪实 = High Assembly Rate Green Building
and Construction Demonstration：Hunan Creative
Design Headquarters Building / 周湘华，肖经龙，甘
海华主编. — 北京：中国建筑工业出版社，2024.2
（绿色低碳建造与建筑业高质量发展探索与实施丛书/
陈浩主编）
ISBN 978-7-112-29665-1

Ⅰ. ①高⋯ Ⅱ. ①周⋯ ②肖⋯ ③甘⋯ Ⅲ. ①生态建
筑-建筑设计-概况-湖南 Ⅳ. ①TU201.5

中国国家版本馆 CIP 数据核字（2024）第 055603 号

　　湖南创意设计总部大厦作为夏热冬冷地区高装配率绿色建造具体实践项目，
结合装配式建造技术、绿色低碳建筑技术、BIM 技术的全面应用，实现了绿色建
造与绿色建筑的融合。将 EMPC 模式，智慧建造等新的理念综合应用于实践，极
具先锋实验性。

　　本书从湖南创意设计总部大厦建造纪实角度道出了这组精美别致的绿色建筑
之前世今生，全书分为 5 章。分别是：开篇，溯源，绿色建筑，绿色建造，回顾。

　　本书除适合绿色低碳建造从业人员阅读外，同样适合勘察、设计、施工、监
理行业广大从业人员、研究者、管理者阅读。

责任编辑：边　琨
责任校对：张　颖

绿色低碳建造与建筑业高质量发展探索与实施丛书
丛书主编　陈浩

High Assembly Rate Green Building and Construction Demonstration
Hunan Creative Design Headquarters Building
高装配率绿色建筑及建造示范
湖南创意设计总部大厦建造纪实
周湘华　肖经龙　甘海华　主编

*

中国建筑工业出版社出版、发行（北京海淀三里河路 9 号）
各地新华书店、建筑书店经销
北京鸿文瀚海文化传媒有限公司制版
北京同文印刷有限责任公司印刷

*

开本：787 毫米×1092 毫米　1/16　印张：12¼　字数：288 千字
2024 年 3 月第一版　2024 年 3 月第一次印刷
定价：**59.00** 元
ISBN 978-7-112-29665-1
（42142）

丛书编委会

丛 书 主 编：陈　浩

丛书副主编：蔡　长　张明亮　彭琳娜　周湘华　石　拓　刘建龙

丛 书 编 委（按姓氏笔画排名）：

王　为　王其良　成立强　阳　凡　李　龙　肖志宏

肖杰才　张倚天　聂涛涛　唐杰林　焦节玉　樊明雪

潘嫣然

主 编 单 位：湖南建设投资集团有限责任公司

参 编 单 位：湖南省建筑科学研究院有限责任公司

中湘智能建造有限公司

湖南工业大学

湖南省绿色建筑产学研结合创新平台

湖南省低碳建筑产学研结合创新平台

湖南省建筑施工技术研究所

本书编委会

本 书 主 编：周湘华　　肖经龙　　甘海华

本 书 副 主 编：戴勇军　　邓　超　　龙新乐　　余　水　　张　平　　王保红

　　　　　　　　刘晓光　　陈克志　　黄建光　　聂科恒　　杨　健　　张慧颖

　　　　　　　　林业达　　张国珍　　朱双红　　李　进　　柯　霓　　郭　军

　　　　　　　　盛兆龙　　毛泽平

本 书 编 委：陈　涛　　王国志　　熊海涛　　陈永志　　李　军　　袁自贵

　　　　　　　张志勇　　刘思汝　　郑培明　　阳　凯　　付长根　　艾海明

　　　　　　　李波夫　　莫国安　　姚济东　　郭海龙　　李　魁　　程　凯

　　　　　　　彭金林　　李　露　　李海洲　　聂　强

本书主编单位：湖南省建筑科学研究院有限责任公司

本书参编单位：湖南建设投资集团有限责任公司

　　　　　　　湖南建工同创置业有限公司

　　　　　　　湖南建投五建集团有限公司（湖南省第五工程有限公司）

　　　　　　　中国有色金属长沙勘察设计研究院有限公司

　　　　　　　湖南省工程建设监理有限公司

　　　　　　　湖南艺光装饰装潢有限责任公司

　　　　　　　湖南中兴钢构有限公司

　　　　　　　杭萧钢构（江西）有限公司

丛书序

　　当今世界正面临"百年未有之大变局"，随着社会生产力的提高和国家碳达峰碳中和"双碳"目标的提出，作为国民经济支柱产业的建筑业既承受着压力也面临着机遇。

　　在全社会将绿色低碳作为发展主流的今天，建筑业该如何深入贯彻生态文明思想，立足新发展阶段，完整、准确、全面贯彻新发展理念，构建新发展格局；该如何坚持生态优先、节约优先、保护优先，实现人、建筑与自然的和谐共生；该如何把握住"双碳"目标带来的重大机遇，顺利完成传统建筑业的转型升级，是摆在所有建筑从业者面前的问题。

　　纵观大势，随着社会生产力的提高，中国建筑业的生产方式不断进步。尤其是在全球气候变化的大背景下，在当前乃至今后很长时间内，绿色低碳建造都将成为主要共识。而随着我国社会主要矛盾转变为人民日益增长的美好生活需要和不平衡不充分的发展之间的矛盾，人民对与之休戚与共的建筑有了更高的要求，建筑业高质量发展呼声越来越高。

　　本丛书借助湖南省在全国率先开展绿色建造试点的契机，从绿色建造、低碳建造、数字化经济以及智能建造四个维度认真总结探索与实施过程中的点滴经验，只为给同行提供参考。摸索过程中，难免有错漏，恳请广大读者批评指正！

丛书主编：

2022.12 于长沙

丛书前言

2020 年 12 月，住房和城乡建设部办公厅印发了《关于开展绿色建造试点工作的函》（建办质函〔2020〕677 号），决定在"湖南省、广东省深圳市、江苏省常州市开展绿色建造试点工作"，从此在全国开启了绿色建造探索与实施工作。2021 年 10 月，中共中央办公厅、国务院办公厅印发了《关于推动城乡建设绿色发展的意见》，为转变城乡建设发展方式，提出了"实现工程建设全过程绿色建造"的具体要求。建筑业作为国民经济支柱产业，对我国社会经济发展、城乡建设和民生改善做出了重要贡献。但是，与发达国家先进水平相比，建筑业仍然大而不强，技术系统集成水平低、工程建设组织方式落后、企业核心竞争力不强、工人技能素质偏低等问题较为突出。尤其在全球气候变化的大背景下，国家提出碳达峰碳中和"3060"目标，中央层面制定印发意见，对碳达峰碳中和进行系统谋划和总体部署，2022 年 7 月，住房和城乡建设部、国家发展改革委联合印发《城乡建设领域碳达峰实施方案》（建标〔2022〕53 号）对 2030 年前碳达峰目标提出具体实施举措，可以预见，当前乃至今后很长时间内，全社会绿色低碳发展将成为主要共识，于建筑业而言，要牢牢把握"绿色低碳"重大机遇，以绿色建造、低碳建造、智能建造、数字化经济为主要内容，助推建筑业转型升级的同时，实现建筑业碳达峰碳中和。

本丛书从绿色建造、低碳建造、数字化经济、智能建造四个维度进行编撰，每个维度下按科研、工程、技术分为三个辑；辑下再根据具体内容分册进行编写，丛书架构如下：

类	辑	册
绿色建造	科研、工程、技术	……
低碳建造	科研、工程、技术	……
数字化经济	科研、工程、技术	……
智能建造	科研、工程、技术	……

丛书由湖南建设投资集团有限责任公司组织编写，集团党委委员、副总经理陈浩担任丛书主编，主要从绿色建造、低碳建造、数字化经济以及智能建造这四个均处于探索发展阶段的建筑业新生事物的理论研究与实践探索入手，剖析行业践行绿色低碳建造，促进高

质量发展的基础和问题,研究提出"双碳"目标下绿色建造、低碳建造、数字化经济以及智能建造新的技术体系和实施路径,最终汇编形成本丛书。丛书属于开放性丛书,不约定具体的册数,根据发展不断补充完善。

　　绿色低碳建造尚处于试点阶段,本丛书的编辑出版得到了行业各位专家同仁的大力支持,在此表示衷心的感谢!时间仓促,水平有限,书中难免出现一些疏漏,诚邀广大读者批评指正,并提供宝贵意见。

前　言

随着全球人口增长和城市化进程的加速，建筑业对环境的影响日益凸显。绿色建筑在当今全球建筑领域备受关注，已经成为未来建筑发展的趋势。绿色建筑以节约资源、保护环境、减少排放、提高效率和保障品质为目标，绿色建造是实现人与自然和谐共生的工程建设活动。传统的建造方式导致的资源消耗、能源浪费和环境负担等问题亟待解决。高装配率绿色建筑作为一种引人注目的解决方案，能减少浪费、彰显效率、提高质量、节约能源，并具备可持续性。未来城乡建设将广泛应用和推广高装配率绿色建筑。

高装配率绿色建筑已成为我国绿色建筑发展的重要方向之一。通过系统化集成设计和精益化生产施工等手段，高装配率绿色建筑在全寿命周期内最大限度地节约资源、保护环境，并为人们提供健康舒适的使用空间。这种方法不仅推动城乡建设朝着绿色发展方向迈进，还促进了经济社会发展和民生水平改善。本书以湖南创意设计总部大厦的设计和建造过程为例，详细介绍高装配率绿色建筑和建造的工程示范。阐述高装配率绿色建筑的定义、理念和发展，探讨如何在实践中应用这种新型绿色建筑及建造方式。同时，智能建造利用先进的装配式建造技术和信息技术，实现建筑设计、施工和管理过程的高效协同，极大地提升了建筑项目的执行效率和质量控制。BIM 技术的应用，通过实时的数据管理和三维可视化，帮助项目团队做出更精确的决策，优化建筑设计，减少资源浪费，并提高施工阶段的安全性。绿色建筑作为可持续发展的重要组成部分，通过节能技术的合理利用，减少建筑对环境的影响，同时增强建筑的能源效率和居住舒适度。为积极推行建筑师负责制的试点，充分发挥建筑师在民用建筑中的主导作用，湖南创意设计总部大厦作为设计单位牵头试行建筑师负责制的EPC 项目，通过一系列的项目示范，具体说明了如何将智能建造、BIM 技术和绿色建筑理念融合应用于实际项目中。希望通过本书的介绍，能激发更多建筑行业的从业者和学者对高装配率绿色建筑及建造技术的兴趣与探索，共同推动建筑行业的可持续发展进程。由于作者水平有限，书中存在一些不足之处，恳请读者提出宝贵意见，以便不断改进和完善。

本书编写过程中得到住房和城乡建设部科技示范项目湖南创意设计总部大厦（绿色建造）（课题编号 2020-S-036）和湖南创意设计总部大厦装配式绿色建筑示范项目（课题编号 2020-S-058）的大力支持，是上述课题的研究成果之一。

目　录

第一章 开 篇

　　星城长沙，文化深厚、群星璀璨，齐聚"电视湘军""出版湘军""动漫湘军"，是世界知名的"东亚文化之都""媒体艺术之都"。

　　长沙，位于长江中游地区，湖南省省会。古代长沙称为潭州，又称"星城"，地处"一湖"（洞庭湖）"两区"（长株潭城市群和武汉"两型社会"综合试验区）"三省"（湖南省、湖北省、江西省）"四水"（湘江、资江、沅水、澧水）等多元交汇处，交通运输便利，北依洞庭通江达海，西接西南腹地，既是沿海通达内地的关口，也是内陆进入沿海的前沿。

　　长沙是首批国家历史文化名城，历经三千年城名、城址不变，凝练了"经世致用、兼收并蓄"的湖湘文化。长沙南北文化交汇，山川河流纵横，呈现出多元化的发展形态。未来，长沙将成为全国重要的文化创新、运营、交易、体验中心，成为"东亚文化之都""媒体艺术之都"。

　　肩负省、市领导的殷切期望，马栏山视频文创园应运而生！园区东依湖南广电，南临长沙城区，浏阳河环绕、主干道纵横，交通便利、区位优越。马栏山视频文创园，以湖南广电为依托、以"文化＋""互联网＋"为手段、以数字视频产业为主导，创新引领、开放崛起，力创"国家创新创意中心"、全球知名的"中国 V 谷"。

　　湖南创意设计总部大厦，是马栏山文创园首批启动项目。大厦西临东二环，北靠浏阳河，南朝中轴公园，用地五十余亩，面积十多万平方米。项目突出文化创意、定位企业孵化，集"创业办公、创意设计、建科院总部、商务服务平台"四种功能为一身，构建出"生态、共享、复合、人性化"四位一体的城市创意综合体。

　　湖南创意设计总部大厦项目择地于长沙马栏山视频文创产业园内，总建筑面积 10.29 万 m^2，其中地面往上建筑面积 7.09 万 m^2，地面往下建筑面积 3.20 万 m^2。项目由 A、B、C 三栋建筑组成，A 栋为酒店式办公，地面往上面积 1.26 万 m^2，建筑高度 59.55m；B 栋为办公楼，地面往上面积 3.23 万 m^2，建筑高度 99.15m；C 栋为建科院办公楼，地面往上面积 2.61 万 m²，建筑高度 94.8m。作为国内首个同时采用混凝土装配式、钢结构装配式、木结构装配式项目中装配率最高的建筑。装配式应用技术体系最齐，含混凝土（PC）、钢结构、木结构三大结构体系；装配率最高，三栋主体均达到 AA 级装配式建筑装配率要求，A 栋 80％，B 栋 78％，C 栋 86％。装配式方案最全，包含主体结构、维护结构、装饰装修，园林景观，机电安装。同时本项目还运用了装配式共轴承插型预制一体化卫生间、装配式电梯井、装配式管道井等部品部件。

党的十九届五中全会审议通过的《建议》❶，明确提出 2035 年"美丽中国建设目标基本实现"的社会主义现代化远景目标和"十四五"时期"生态文明建设实现新进步"的新目标新任务。特别是近一个时期，习近平总书记在国内外重要会议活动上，多次对实现碳达峰碳中和作出部署和阐释。我国力求在 2030 年前实现碳达峰，2060 年前实现碳中和，是党中央经过三思而行做出的重大战略决策，事关中华民族永续发展和构建人类命运共同体。据中国建筑节能协会能耗统计专委会日前发布的《中国建筑能耗研究报告 2020》分析数据显示，2018 年全国建筑全过程能耗总量占全国能源消费总量比重为 46.5％；2018 年全国建筑全过程碳排放总量占全国碳排放的比重为 51.3％。由此，在朝着"碳中和"这一目标迈进的过程中，建筑行业显得至关重要。

绿色建筑未来的可持续发展趋势随着全球环境问题日益严重，而绿色建筑已经成为建筑行业的一个热门话题。绿色建筑作为可持续发展的重要组成部分，具有高效节能、环境友好和健康舒适的特点，在未来的发展中扮演着重要角色。绿色建筑是一种以人为本注重环境可持续性的建筑设计和施工理念，其目标是减少对自然资源的消耗、降低建筑的能耗和环境污染，同时提供健康舒适的室内环境。

绿色建筑的核心原则包括节能减排、高效用水、资源循环利用和环境保护。首先，绿色建筑采用高效隔热材料、优化建筑朝向、自然通风和采光等措施，最大限度减少建筑能耗。此外，应用太阳能、风能等可再生能源也是绿色建筑的常见做法。通过采用这些节能措施，绿色建筑可以显著降低碳排放，减轻对环境的负担。其次，高效用水是绿色建筑的又一重要特点，绿色建筑通过采集雨水、废水回收和节水设备的应用，最大限度减少对水资源的消耗。资源循环利用也是绿色建筑的重要原则之一，绿色建筑突出绿色材料的可持续性和循环利用，在设计和施工过程中，都应该尽可能选择环保的建筑材料，并进行材料的再利用和回收。

"绿色建筑"是指在施工开始前就规划，在设计的过程中要充分考虑和利用环境因素，使得最大限度地降低施工运行对环境的破坏，为人们提供健康、舒适以及无公害的空间。与此同时在工程结束拆除后，也能够实现将对环境危害降到最低。首先整体设计不能盲目模仿所谓的先进绿色技术，局部和整体都要兼顾，必须结合气候、文化、经济等因素整体设计，综合分析，尽可能地增加性能，降低成本，热带地区和寒带地区温差很大，在使用保温材料时要注重节能、环保。整体设计要不断整合不断优化，采取较高的技术，通过高

---

❶ 《中共中央关于制定国民经济和社会发展第十四个五年规划和二〇三五年远景目标的建议》，简称《建议》。

效能利用，去实现绿色建筑更好更快地发展。其次绿色建筑的设计在实施前，对于不同地区，展开具有针对性的设计内容，充分进行当地气候特点以及其他地域条件的考察和研究，因地制宜，将绿色建筑贯穿整个设计。太阳能的利用在日光充足的西北地区能显得高效，在经常多雨的地区，则显得效率低下，缺少实用价值。另外，北方严寒地区要加强对保暖建筑材料的利用。炎热的南方就要在遮阳的方位、角度和防辐射上多投入。总之，绿色建筑要结合实际，合理建造，切不能盲目抄袭。

在建筑规划、设计的各个环节中都要着重体现建筑的安全性、舒适性以及经济性，对于不同的地方应当制定不同的设计方案，通过对当地的各个影响因素进行考察，协调好建筑和周围环境的关系，尽可能地提升建筑材料和能源的利用率，从而使人类的居住环境更加舒适健康。再通过采用一些耐久性好的建材，保证其使用寿命与建筑同步，从而减少材料后期的不断更换，有效地减少维护成本。长远角度看，这对投资者来说将是一个很好的投资机会。除此之外，还可以采用灵活的设计手法，由于传统建筑对材料合理利用理念的缺乏，导致增加了很多建设成本，而绿色建筑的材料正好可以弥补这一缺点，大大提高材料的利用率。由于建筑物的适用对象是人，因此须遵循以人为本的原则；为了当代以及后代资源的可分配化，可持续发展原则应当引起重视；最后是统一化原则：只有生态环境与建筑的每个环节相互和谐才能使设计真正服务于人类。

在施工阶段应做到减少场地干扰、尊重场地环境施工过程会严重扰乱场地环境，这一点对于未开发区域的新建项目尤其严重。场地平整、土方开挖、施工降水、永久及临时设施建造、场地废物处理等均会对场地上现存的动植物资源、地形地貌、地下水位等造成影响；还会对场地内现存的文物、地方特色资源等带来破坏，影响当地文脉的继承和发扬。因此，施工中减少场地干扰、尊重当地环境对于保护生态环境，维持地方文脉具有重要的意义。业主、设计单位和承包商应当识别场地内现有的自然、文化和构筑物特征，并通过合理的设计、施工和管理工作将这些特征保存下来。可持续的场地设计对于减少这种干扰具有重要的作用。就工程施工而言，承包商应结合业主、设计单位对承包商使用场地的要求，制定满足这些要求的、能尽量减少场地干扰的场地使用计划。在选择施工方法、施工机械，安排施工顺序，布置施工场地时应结合气候特征。这可以减少因为气候原因而带来施工措施的增加，资源和能源用量的增加，有效地降低施工成本；减少因为额外措施对施工现场及环境的干扰；有利于施工现场环境质量品质的改善和工程质量的提高。节约资源（能源）建设项目通常要使用大量的材料、能源和水资源。减少资源的消耗，节约能源，提高效益，保护水资源是可持续发展的基本观点。工程施工中产生的大量灰尘、噪声、有毒有害气体、废物等会对环境品质造成严重的影响，因此，减少环境污染，提高环境品质也是绿色施工的基本原则。提高与施工有关的室内外空气品质是该原则的最主要内容。施工过程中，扰动建筑材料和系统所产生的灰尘，从材料、产品、施工设备或施工过程中散发出来的挥发性有机化合物或微粒均会引起室内外空气品质问题。许多这些挥发性有机化合物或微粒会对健康构成潜在的威胁和损害，需要特殊的安全防护。这些威胁和损伤有些是长期的，甚至是致命的。所以施工过程应减少环境污染，提高环境品质。

绿色建筑的内涵不断丰富，从最初以节能为目标到如今的全面促进人、自然与建筑和谐共生。绿色建筑在我国一直处于发展上升阶段，但是公众对绿色建筑缺乏深入的了解，在此通过解读马栏山创意大厦设计项目向公众分享身边的绿色建筑，绿色建筑拥有哪些优点，通过哪些手段实现的"绿色"，探索夏热冬冷地区绿色低碳实践之路，分享在夏热冬冷地区绿色建筑设计实践经验，提升绿色建筑运营中的节能意识，促进使用者参与到自身所处的建筑生活。

新时代背景下，森林城市和公园城市设计都是对绿色呼声的回应，而绿色建筑是具体的实施。通过马栏山创意大厦设计项目，重点介绍装配式建筑技术在"绿色"中的优势以及其广阔前景，通过可再生能源和环境模拟等技术实现绿色低碳目标，采用BIM❶技术，了解建筑生成的设计建造和优化全过程，在此基础上探讨夏热冬冷地区绿色建筑设计的关注要点。响应时代号召，大力开展绿色建筑实践。通过绿色技术的实际应用，总结出适合的绿色建筑技术，服务绿色发展，传播绿色理念，普及绿色知识。助力实现"双碳"目标，同时体现新时代的建筑价值追求。

绿色建筑是一种有利于节约资源、保护环境、减少排放、提高效率、保障品质的建造方式，实现人与自然和谐共生的工程建造活动。其中，高装配率的模块化建筑是绿色建筑的重要实现形式之一。随着人们对环境保护意识的提高，绿色建筑已经成为未来建筑发展的趋势。高装配率绿色建筑作为一种新型的绿色建筑方式，具有很多优点。它可以减少浪费，提高效率，提高质量，节约能源，并且具有可持续性。在未来的城乡建设中，高装配率绿色建筑将会得到更加广泛的应用和推广。

住房和城乡建设部办公厅发布了《绿色建造技术导则（试行）》，明确了绿色建造的总体要求、主要目标和技术措施。这个文件为推进城乡建设高质量发展提供了重要指导，同时也为高装配率绿色建筑的发展提供了技术支持。

根据住房和城乡建设部的《"十四五"建筑业发展规划》，到 2025 年，装配式建筑占新建建筑的比例将超过 30％。近年来，中国已全面实现新建建筑节能，截至 2022 年上半年，中国新建绿色建筑面积占新建建筑的比例已经超过 90％。绿色建筑行业专题研究报告指出，高装配率的模块化建筑有望"出圈"。这些数据表明，中国正在积极推动绿色建筑的发展，并且取得了显著的成果。

高装配率绿色建筑的特点和优势包括：节能环保：高装配率绿色建筑采用工厂化生产，减少了现场施工，降低了能耗和碳排放，符合绿色环保理念；施工速度快：高装配率绿色建筑采用模块化设计，工厂预制，现场组装，施工速度快，可以缩短工期；质量可靠：高装配率绿色建筑采用标准化设计和工厂化生产，质量可靠，可以提高建筑质量；经济实惠：高装配率绿色建筑采用模块化设计和工厂化生产，可以降低施工成本，经济实惠；可持续发展：高装配率绿色建筑符合可持续发展理念，可以提高资源利用效率，降低能耗和碳排放。

根据住房和城乡建设部的规划，"十四五"期间将大力推广应用装配式、预制式、

---

❶ 建筑信息模型 Building Information Modeling（BIM）。

模块化等先进技术和理念。其中,"十四五"期间将推广应用钢结构、木结构、混凝土预制构件等先进材料和技术;推广应用 BIM、VR、AR 等数字技术;推广应用智能化、自动化、机器人等先进设备和技术。这些技术和理念的应用将进一步提升我国绿色建筑的水平。

据绿色建筑行业专题研究报告指出,"十三五"期间我国绿色建筑市场规模从 2015 年的 1.6 万亿元增长到 2019 年的 4.8 万亿元。预计到 2025 年我国绿色建筑市场规模将达到 8 万亿元以上。这表明我国绿色建筑市场前景广阔。

高装配率绿色建筑及建造是指采用工厂预制的集成模块在施工现场组合而成的装配式建筑。这种建筑方式通过将建筑"工业化",相较于传统建筑拥有质量优、建造速度快、绿色环保等多项优势,契合"绿色"定义,是实现绿色建筑的重要路径。

在《绿色建造技术导则(试行)》中,明确了绿色建造的总体要求、主要目标和技术措施。其中,"绿色设计"章节规定了推进建筑、结构、机电、装修集成设计,探索设计、生产、采购、施工协同设计,引导装配式建筑标准化设计等要求;"绿色施工"章节提出施工阶段的优化设计、资源节约、减少排放、智能技术应用等技术要求;"绿色交付"章节强调综合性能调适,明确绿色建造效果评估的主要内容和评估机制,提出数字化交付要求。

此外,高装配率绿色建筑及建造还包括采用系统化集成设计、精益化生产施工、一体化装修的方式,加强新技术推广应用,整体提升建造方式工业化水平。结合实际需求,有效采用 BIM、物联网、大数据、云计算、移动通信、区块链、人工智能等相关技术,整体提升建造手段信息化水平。采用工程总承包等组织管理方式,促进设计、生产、施工深度协同,整体提升建造管理集约化水平。加强设计、生产、施工全产业链上下游企业间的沟通合作,强化专业分工和社会协作,优化资源配置,构建绿色建造产业链,整体提升建造过程产业化水平。

总之,高装配率绿色建筑及建造是一种符合"绿色"定义的重要路径。它通过采用系统化集成设计和精益化生产施工等方式,在全寿命期内最大限度地节约资源和保护环境,并为人们提供健康舒适的使用空间。这种方法不仅有助于推动城乡建设的绿色发展,还能促进经济社会发展和民生改善。

在政府政策引导下,我国正在积极推动绿色建筑的发展,并且取得了显著成果。高装配率绿色建筑已经成为中国绿色建筑发展的重要方向之一。在本书中,我们将探讨高装配率绿色建筑及其建造示范。我们将介绍高装配率绿色建筑的定义、优点、应用案例等方面,并探讨如何在实践中应用这种新型的绿色建筑方式。我们希望通过本书的介绍,能够让更多人了解高装配率绿色建筑,并为未来城乡建设的可持续发展做出贡献,如图 1-1 所示。

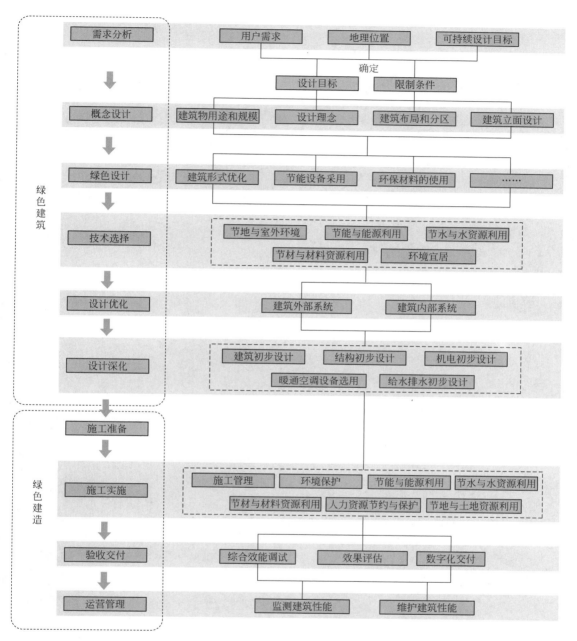

图 1-1　技术路线

7

第二章 溯　源

2.1　绿色建筑的缘起

绿色建筑最初是在欧洲发展起来，出于对能源需求的不足提出建筑节能，此时还只是从节能单一方面考虑，之后随着世界各国不断发展，生态学的融入以及对自然和谐发展的认识，绿色建筑的内涵逐渐扩展，可持续、友好和谐的理念逐步深入。随着各国绿色建筑评价标准的相继推出，绿色建筑趋于正规发展及不断完善。

1956 年苏伊士运河引起的油价上涨，导致丹麦对能源供应安全产生担忧，其中的原因之一是丹麦当时很大程度上依赖于能源进口。此次危机导致丹麦在 1961 年的建筑规范中首次提出了能源效率要求。

1969 年保罗·索勒瑞（Paola Soleri）在《城市建筑生态学：人类想象中的城市》中阐述了城市建筑生态学的理论，将生态学（Ecology）和建筑学（Architecture）合并首次提出生态建筑（Arcology）理念。阿科桑蒂以生态建筑的概念为理论基础，建成之后可以容纳五千人，它将为如何改善城市环境、减少人类对地球的消极作用而做出示范。

1963 年美国建筑学家维克多·奥戈雅（Victor Olgyay）《设计结合气候——建筑地区主义的生物气候研究》（Design with Climate：Bioclimatic Approach to Architectural Regionalism New and Expanded Edition），提出生物气候主义，认为建筑设计应遵循气候—生物—技术—建筑的设计过程。

1969 年麦克哈格在《设计结合自然》（Design with Nature）为生态设计研究树立榜样，指出土地规划应遵从自然价值和规律，指出生态建筑的设计方法与建造过程，突出人类与自然、建筑之间应互相协调发展，标志着生态建筑理论的正式问世。

1970 年代，全球爆发石油危机后，部分发达国家开始研究建筑节能，研究利用太阳能、风能、地热能、围护结构等各种建筑节能技术。

1980 年代，世界自然保护组织第一次提出"可持续发展"的口号，节能建筑体系逐渐完善。

1990 年代及以后，伴随着健康住宅和可持续发展理念的诞生，发达国家开始注重建筑全过程中的环境保护、资源节约、居住舒适度、室内空气质量、可持续发展等领域。1990 年，英国发布世界首个绿色建筑标准《英国建筑研究组织环境评价法（BREEAM）》；其后世界各国绿色建筑标准相继出台：美国的 Leadership in Energy and Environmental Design（LEED）；中国香港的 Hong Kong Building Environment Assessment Method（HK-BEAM）；日本的 Comprehensive Assessment System for Building Environmental Efficiency（CASBEE）；德国的 Deutsche Gütesiegel für Nachhaltiges Bauen（DGNB）；中国的绿色建筑三星标准等。

绿色建筑最初是在欧洲由对能源威胁的考虑对建筑节能提出的要求，生态学的融入以及对自然和谐发展的认识，绿色建筑的内涵逐渐扩展，可持续、友好和谐的理念逐步深入；随着各国绿色建筑评价标准的相继推出，绿色建筑趋于正规发展及不断完善。

2.2 解读绿色低碳建筑

2.2.1 绿色建筑和低碳建筑的概述

一直以来，人们的生活、工作和娱乐的场所都是依靠于建筑的，但是建筑从规划设计到开始施工，再到最后的装修，甚至到建筑最后拆迁的生命周期结束时，除了其规划设计以外，其他的阶段都与资源的使用相伴随，能源输入、废物废气废水的排放等，都是资源被使用的过程。然而，随着我国城市化进程脚步的日益加快，对城市建筑的需求也是越来越多，而建筑的生命周期循环更是促使人们对建筑本身产生了更加充分的认识，建筑就是各种能量相互堆砌的结果。

在《绿色建筑评价标准》对绿色建筑下了定义，认为绿色建筑就是指，在建筑的整个寿命周期中，能够最大限度节约资源，减少污染同时保护环境，为人们提供了一个高效、适用并且健康的空间，是与自然能够和谐共生的建筑。

而低碳建筑则是指在建筑从材料准备到建筑的最终使用完成的整个生命周期以内，要尽量减少化石能源的使用，提高材料利用效率，降低二氧化碳的排放量。在国际建筑界，低碳建筑也逐渐成了一种主流。但是在其中一个最常被忽略的事实就是在二氧化碳的总排量中，建筑的二氧化碳排放量几乎占一半。这个比例要比工业和运输的领域远远高很多。我国在发展低碳建筑的道路上，不仅仅要注重低碳，同时还要重视节能。

2.2.2 绿色建筑的内涵

2.2.2.1 建筑全生命周期

建筑全生命周期指从材料与构建生产、规划与设计、建造与运输、运行与维护直到拆除与处理（废弃、再循环和再利用等）的全循环过程。一般将建筑全生命周期划分为 4 个阶段，即规划阶段、设计阶段、施工阶段、运营阶段。建筑全生命周期如图 2-1 所示。

2.2.2.2 低碳节能

低碳节能指在建筑材料与设备制造、施工建造和建筑物使用的整个生命周期内，减少

图 2-1　建筑全生命周期

化石能源的使用，提高能效，降低二氧化碳排放量。绿色建筑通过节能设计，打造低碳零碳建筑，从而保护环境减少污染。

绿色建筑为推进建筑业碳达峰利器。绿色建筑约有 30 项指标与碳达峰碳中和相关：优化围护结构热工性能，提升电气设备能效水平，充分利用太阳能等可再生清洁能源。根据 2020 年住房和城乡建设部发布的《绿色建筑创建行动方案》，2022 年我国绿色建筑占比将达 70％。根据住房和城乡建设部公开披露信息，建筑领域要在 2030 年前实现碳达峰面临诸多困难和挑战，绿色建筑是推动建筑领域如期实现碳达峰的重要措施。

2.2.2.3　以人为本，和谐自然

绿色建筑关注人的舒适体验及健康，构建自然和谐的人与自然、建筑间的关系，促进人与社会、环境之间共享共生。

2.3　绿色低碳建筑理念

伴随新一轮科技革命和产业变革，绿色低碳循环发展已成为时代要求。作为新发展理念之一，绿色发展是高质量发展的重要标志。推动经济社会发展全面绿色转型，将有力构建人与经济、自然、社会、生态、文化协调发展新格局。绿色建筑倡导在全寿命周期内节约资源、保护环境、减少污染，提供健康、适用、高效的使用空间，以人为本，着力解决我国建筑业高资源消耗、高环境负荷和低质量供给两大问题，有力促进了人与自然和谐共生，是住房和城乡建设领域高质量发展的方向。

基于此，中国建设科技集团率先提出绿色建筑五大核心理念，即"人性化、本土化、低碳化、长寿化、智慧化"。

2.3.1　人性化

人性化就是指要更加注重真正从人的需要出发，创造出安全健康舒适自然优美的室内

外环境，使人有更多的获得感，真正地以人为本；注重从人的需要出发，创造安全、健康、舒适、自然、优美的室内外建筑环境。注重人性化的几个方面包括：建筑空间精细化、安全性与舒适性，适老化、无障碍，室内声环境、光环境、热湿环境，室内空气质量，室外环境等。

2.3.2　本土化

我国古代朴素绿色意识由来已久，"人法地，地法天，天法道，道法自然"，道家认为人来源于自然并统一于自然，人必须在自然可能的条件下才能生存，也必然遵循自然的法则才能求得发展。主张把自然的天然状况作为人类社会所追求的理想模式，人应该顺应并融于自然的发展，因此要构建建筑、人与自然的和谐，建筑要具有地域特色，承载地域文化。

所谓本土化要更加注重发挥建筑设计的重要作用，赋予建筑天然绿色的基因和体现地域文化特征。高质量的绿色建筑应该是人与自然和谐共生的绿色建筑，更应该倡导因地制宜，体量适度，少人工多天然的设计。也就是要注重创造建筑的先天绿色基因。

2.3.3　低碳化

低碳化强调的是两个注重：一是注重建筑全生命期，从建筑设计到施工建造，建造运行过程到改造拆解等各个阶段；二是注重全面，对健康舒适、生活便利、安全耐久、资源节约和环境宜居各方面的关注。

高度"低碳化"的装配式建筑，是发展新时代高质量绿色建筑应当重点关注的内容。装配式建筑是用预制部品部件在工地装配而成的建筑，节能、节水、节材、节时、节省人力，可以大幅度减少建筑垃圾和扬尘，实现环保。它具有"标准化设计、工厂化生产、装配化施工、一体化装修、信息化管理、智能化应用"六个主要特征。

2.3.4　长寿化

长寿化就是要注重延长建筑寿命，这是节约能源资源降低能源负荷最有效的方法。我国建筑实际平均使用寿命远低于美国日本等发达国家，只有约 40 年。这种反复的建造和拆除加剧了资源的负荷。

造成我国建筑"短寿命"的原因很多，主要包括："规划缺乏长远性、前瞻性需要调整，建筑空间不能满足使用需求，建筑质量较差，设备管线老化"等。从建筑创作出发延长建筑寿命的主要措施有：采用通用空间灵活可变的设计满足建筑全寿命周期功能变化的需要，延长主体结构使用寿命，采用"SI"技术体系使设备管线及内装易于维修、改造和更换，应用减、隔震技术加强建筑抗灾能力，延长部品部件使用寿命，全寿命周期定期维修维护和既有建筑绿色改造。

2.3.5　智慧化

我国对智能建筑的解释为：建造以人为本的建筑环境，通过完善建筑施工设备的自动化技术来达成施工设备管理与施工设备的合理有效组合。在建筑施工过程中，通过使用现在信息化技术，提高建筑施工技术水平，对自身资源进行有效的管理，实现建筑设备的自动化运行。同时，在建筑运行过程中，通过智能技术的应用来提高建筑品质。建筑智能化以建筑为基础，与智能技术有机结合形成建筑智能技术，可提升建筑的安全性和便捷性。

建立基于 BIM 的建筑全生命周期管理信息系统，并综合运用互联网、物联网、云计算、大数据、人工智能等新一代信息技术，提升建筑功能和智能化、精细化运营管理水平，为使用者工作、生活提供便利。

2.4　如何看待绿色低碳建筑的发展

2.4.1　低碳发展的要求

中国总的二氧化碳排放大约是 110 亿 t，其中建筑领域的直接碳排放加上间接碳排放大约占 22 亿 t，占比约 20%；再将建材领域的隐含碳排放考虑进去，那么总占比约达42%。建筑领域减少碳排放量对于落实中国政府承诺的目标具有非常重要的作用，节能减排也是一个长期进行的过程。

建筑业是国民经济的支柱产业，为我国经济社会发展和民生改善做出了重要贡献。但同时，建筑业仍然存在资源消耗大、污染排放高、建造方式粗放等问题，与"创新、协调、绿色、开放、共享"的新发展理念要求还存在一定差距。调整能源结构，实行建筑总量控制，提高建筑节能性能、用能设备效率，规模推进绿色建筑、积极建设零能耗建筑、试点示范产能建筑等是实现低碳发展的途径。

2.4.1.1　节约能源，减少污染，对"可持续发展"战略的贯彻执行

建筑所造成的空气污染、光污染和电磁污染占据了环境总污染的三分之一。据统计在人们每年产生的垃圾中，有 40% 是建筑垃圾。大量人口融入城市，对于住宅、道路、地下工程和公共设施等社会资源的需求越来越高，所耗费的能源也就越来越多，这就是人们与现在日益匮乏的各种能源产生了不可调和的矛盾原因所在。绿色建筑将节能降耗作为工作的重点，在整个工程的进行过程中从各个方面来注重对材料的使用，对能源的消耗，并且结合当地的自然环境、人文地理因素等诸多特征之后，设计建造出的节能环保型的建筑，这并非单纯地追求经济效益，更多是强调人与自然的和谐统一。

2.4.1.2　回归自然，提供舒适的生活环境，对人民美好生活需求的回应

经济快速发展导致人们越来越注重对于高水平生活的追求，更好的建筑成了人们的追逐方向，绿色建筑在符合人们追求的节能环保的现代生活理念的同时也满足人们对建筑环境的进一步追求。绿色建筑在能源的利用上更加注重自然能源，如自然光和自然风的利用，在可循环能源利用等节能措施的综合应用和智能化建筑等方面，都充分显示了人与自然、人与建筑的和谐统一发展，以及建筑内部设计中对于一切可利用因素的统筹兼顾。

2.4.1.3　执古之道，以御今之有，人、建筑、自然之间共享共生的实现

中国古代建筑大多数是绿色或准绿色的，古代建筑发展史上形成了"象天法地""建筑节俭""因地制宜""崇尚自然美"等思想观念，继承这份建筑文化遗产对绿色建筑发展具有重要意义。"居今之世，志古之道，所以自镜也，未必尽同"，尽管时代变迁，当今人们生活方式发生翻天覆地的改变，古代朴素绿色思想所蕴含的人、自然与建筑之间和谐共生的追求始终统一，绿色建筑是致力创建共享共生社会生活的实现途径与发展方向。

（1）1978～2000 年，加强能源节约，降低能源消耗见表 2-1。

1978～2000 年加强能源节约，降低能源消耗　　　　表 2-1

年份	低碳发展
1979	《关于提高我国能源利用效率的几个问题》的简报，指出能源不足的问题变得更加尖锐、更加紧迫
1980	国务院批转加强节约能源工作和逐步建立综合能耗考核制度
1982	"六五"计划(1981～1985)指出大力降低能源消耗，广泛地开展以节能为主要目标的技术革新活动；五年内，全国节约和少用能源要求达到 7000 万～9000 万 t 标准煤
1985	"七五"计划(1986～1990)提出要进一步推动节能的技术改造
1986	国务院颁布了《节约能源管理暂行条例》
1991	提出能源工业要坚持开发与节约并重的方针，把节约放在突出位置
1992	指出"要提高全民节能意识，落实节能措施"
1996	提出节能降耗的目标年均节能率 5%
1998	《节约能源法》正式颁布实施，节能工作走上法治化轨道

（2）2001～2011 年，提高资源能源利用效率，努力减缓温室气体排放见表 2-2。

2001～2011 年提高资源能源利用效率，努力减缓温室气体排放　　　　表 2-2

年份	低碳发展
2001	《中华人民共和国国民经济和社会发展第十个五年计划纲要》将"2005 年主要污染物排放总量比 2000 年减少 10%"
2002	党的十六大将"可持续发展能力不断增强，生态环境得到改善，资源利用效率显著提高"作为全面建设小康社会的奋斗目标之一
2005	党的十六届五中全会通过要从粗放型的经济增长方式转向"低投入、低消耗、低排放、高效率"的资源节约型增长方式
2006	《中华人民共和国国民经济和社会发展第十一个五年规划纲要》提出到 2010 年，单位 GDP 能耗要比"十五"期末降低 20%，主要污染物排放总量要减少 10%左右
2007	党的十七大报告提出，建设生态文明，基本形成节约能源资源和保护生态环境的产业结构、增长方式、消费模式
2011	《中华人民共和国国民经济和社会发展第十二个五年规划纲要》提出 2015 年要比 2010 年单位国内生产总值能源消耗降低 16%，单位国内生产总值二氧化碳排放降低 17%，非化石能源占一次能源消费比重达到 11.4%

（3）2012年至今，推动绿色发展、循环发展、低碳发展见表2-3。

2012年至今推动绿色发展、循环发展、低碳发展　　　　　　　　　　表2-3

年份	低碳发展
2012	提出要着力推进绿色发展、循环发展、低碳发展，形成节约资源和保护环境的空间格局、产业结构、生产方式、生活方式
2014	提出要加快建立有效约束开发行为和促进绿色发展、循环发展、低碳发展的生态文明法律制度
2015	党的十八届五中全会提出"创新、协调、绿色、开放、共享"五大发展理念
2016	提出了单位GDP能源消耗降低15%、单位GDP二氧化碳排放降低18%、非化石能源占一次能源消费比重2020年达到15%等
2017	提出要建立健全绿色低碳循环发展经济体系、构建市场导向的绿色技术创新体系、构建清洁低碳和安全高效能源体系、倡导绿色低碳的生活方式等
2020	提出"双碳"目标。把"广泛形成绿色生产生活方式、碳排放达峰后稳中有降、生态环境根本好转、美丽中国建设目标基本实现"作为到2035年基本实现社会主义现代化的远景目标之一
2021	《国务院关于加快建立健全绿色低碳循环发展经济体系的指导意见》指出建立健全绿色低碳循环发展的经济体系，确保实现碳达峰碳中和目标，推动我国绿色发展迈上新台阶

2.5　探索绿色低碳建筑

2.5.1　国外绿色建筑的发展

发达国家相继开发了适应不同国家特点的绿色建筑评估体系，通过定量的描述绿色建筑的节能效果、对环境的影响以及经济性能等指标，为决策者和设计者提供依据。1990年，世界首个绿色建筑标准《英国建筑研究组织环境评价法（BREEAM）》发布。1994年，美国绿色建筑协会USGBC起草了名为"能源与环境设计领袖"Leadership in Energy and Environmental Design（LEED）的"绿色建筑分级评估体系"。1998年，加拿大、瑞典等国联合建立了GB Tool绿色建筑评价体系。2000年以后，是全球绿色建筑评估体系发展的巅峰，日本的Comprehensive Assessment System for Building Environmental Efficiency（CASBEE）、德国的Deutsche Gütesiegel für Nachhaltiges Bauen（DGNB）、澳大利亚的National Australian Built Environment Rating System（NABERS）、韩国的Korea Green Building Council（KGBC）等都相继成立。到了2006年，全球绿色建筑评估系统已近20个。这些体系不断摸索前进，依据形势和需求，扩大适用范围，并更新评估内容。其中美国的LEED陆续发展出不同建筑类型，甚至旧有建筑改造的评估版本，它以需求为导向，以市场为驱动，是现有国际上最完善、最具影响的绿色建筑评估体系之一，已成为世界各国建立绿色建筑及可持续性评估标准的范本。40多年来，绿色建筑由理念到实践，在发达国家逐步完善，形成了较成体系的设计评估方法，各种新技术、新材料层出不穷。不少发达国家还建造各具特色的绿色建筑示范工程，加快了绿色建筑理念形成。

1990年代，绿色建筑概念开始引入我国，中国绿色建筑的发展也紧随世界的脚步，开始建立自己的建筑节能体系和制定相关法律法规。

我国绿色建筑发展历程见表2-4。

我国绿色建筑的发展历程 表 2-4

年份	发展情况
1986	中国发布行业标准《民用建筑节能设计标准(采暖居住建筑部分)》JGJ 26—86❶,是我国第一部建筑节能标准,标志绿色建筑开始发展
1999	《中华人民共和国人类住区发展报告》对进一步改善和提高居住环境质量提出了更高要求和保证措施
2003	《绿色奥运建筑评估体系》(简称GOBAS)面世,力图通过建立严格的、可操作的建设全过程监督管理机制,落实到招标、设计、施工、调试及运行管理的每一个环节,来实践奥运建筑的绿色化
2004	"全国绿色建筑创新奖"的启动标志着中国绿色建筑发展进入新阶段
2005	颁布实施了《公共建筑节能设计标准》GB 50189—2005❷
2006	住房和城乡建设部发布了《绿色建筑评价标准》GB/T 50378—2019。此时的绿色建筑概念可简述为"五节一环保"
2007	《绿色建筑标识管理办法》和《绿色建筑评价技术细则》进一步完善了我国绿色建筑评估体系
2013	住房和城乡建设部发布了《"十二五"绿色建筑和绿色生态城区发展规划》,国家发展改革委和住房和城乡建设部制定了《绿色建筑行动方案》,标志着我国绿色建筑进入规模化发展时代
2017	住房和城乡建设部发布了《建筑节能与绿色建筑发展"十三五"规划》,明确提出到2020年,城镇新建筑中绿色建筑面积比重超过50%,绿色建材应用比例超过40%。绿色建筑发展进入了"增量提质"的加速期
2019	《绿色建筑评价标准》GB/T 50378—2019 和《近零能耗建筑技术标准》GB/T 51350—2019 相继实施。绿色建筑更加关注人、自然与建筑的共享共生

在政策推进下,当前各省实施《绿色建筑发展条例》要求更细、效力更强,助力绿色建筑发展行稳致远。以湖南省为例《湖南省绿色建筑创建行动方案》的内容包括创建对象、总体目标、重点任务、保障措施四项,偏重目标制定及实现路径,且对相关主体不具有强制性;而《湖南省绿色建筑发展条例(草案)》的内容包括总则,规划、设计和建设,运行和改造,技术发展和激励措施,法律责任四项,对绿色建筑新建和改造、运行、拆除全过程中各相关主体的责任以法规形式进行确认。

总体来说,绿色建筑在我国才刚刚起步,还处于试点和发展阶段。此外绿色建设的基础研究相对滞后,总体建筑质量较差、区域差异大、制度体系不完善、人们的绿色环保观念欠缺等多方面的特殊国情,使得我国在发展绿色建筑的过程中面临比发达国家更多的困难和问题。

2.5.2 国内外绿色建筑发展评价

对比分析 5 个国绿色建筑评价标准一级指标的内容,虽然指标项数各不相同,但大同小异。中国 ESGB 评价体系共分为六个一级指标。英国 BREEAM 评价体系共分为九个一级指标。美国 LEED 评价体系共分为八个一级指标。日本 CASBEE 评价体系指标包括建

---

❶ 已作废,被《民用建筑设计节能标准》JGJ 26—1995 替代并废止,历经修订,为现行两个标准,《严寒和寒冷地区居住建筑节能设计标准》JGJ 26—2010 与《建筑节能与可再生能源通过规范》GB 55015—2021 之始。

❷ 已作废,现行版本为《公共建筑节能设计标准》GB 50189—2015。

筑物的环境品质和建筑物的环境负荷两方面。四个评价体系均包含节能、节水、节材、室内空气质量方面的要求。绿色建筑评价指标见表2-5。

绿色建筑评价指标　表2-5

一	中国	美国	英国	德国	日本
评估指标	由"控制项基础分值""安全耐久""健康舒适""生活便利""资源节约""环境宜居""提高与创新加分项"7类指标组成	可持续的场地设计、有效利用水资源、能源与大气、原材料和资源、室内环境质量、创新和设计等8大项评估指标	能耗、管理、健康宜居、水、建筑材料、垃圾、污染、土地使用和生态环境、交通9个方面	生态质量、经济质量、社会质量、技术质量、过程质量、场地质量	从"建筑物的环境品质（Q）"和"建筑物的环境负荷（L）"两方面评价，包括6大项54个评分项目
认证级别	基本级、一星级、二星级、三星级	认证级、银级、金级、铂金级	通过、良好、优秀、优异、杰出	铜级、银级、金级	优秀、很好、好、比较差、差
评估体系	以单栋建筑或建筑群为评价对象，适用的建筑类型为居住建筑、公共建筑	建设设计＋施工、室内设计＋施工、建筑运营与维护、社区、住宅5大类	新建建筑、社区建筑、运行建筑、旧建筑改造建筑、生态家园、可持续家园6大类	—	CASBEE（建筑物环境效能综合评价系统）评价各类型建筑

2.5.3　"近零碳建筑"的探索

2.5.3.1　零碳建筑的概念

在"能源、碳排放"的双重约束下，我国推动了建筑领域的低碳转型，在零能耗建筑的基础上，结合建筑全生命周期，提出了近零碳建筑、零碳建筑。零碳建筑考虑的不仅仅是建筑运行阶段的碳排放，更是全面考虑建筑建造过程中的隐含碳排放，目标是在建筑的全生命周期中实现碳的零排放。

零碳建筑是指充分利用建筑本体节能措施和可再生能源，使可再生能源二氧化碳年减碳量大于等于建筑全年全部二氧化碳排放量的建筑。它除了采用超低能耗建筑设计中的高效保温、高效节能窗等被动式节能技术外，更多的是通过主动技术措施提高能源设备与系统的效率，引入更多的智能控制技术，充分利用可再生能源，例如光伏。同时注重实现材料和产品的循环利用，有效地减少建筑全寿命周期的碳排放。

2.5.3.2　零碳建筑的标准

2021年9月，天津市低碳发展研究中心牵头制定的全国首个零碳建筑团体标准《零碳建筑认定和评价指南》，推动从绿色建筑、超低能耗建筑、近零碳建筑向"零碳建筑"进一步迈进。

《零碳建筑认定和评价指南》中的控制指标和碳排放量核算是零碳建筑认定的主要依据。控制指标包括建筑室内环境参数、能效指标以及碳排放三个方面，目的是在保证建筑使用功能的前提下尽可能降低建筑用能需求，并鼓励通过可再生能源的利用抵消建筑用能，以实现建筑的零碳排放。

超低能耗建筑及控制指标如图 2-2、图 2-3 所示。

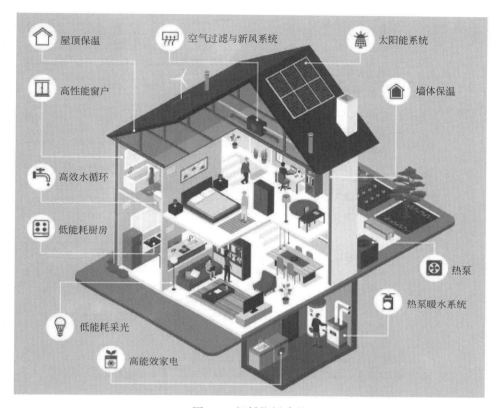

屋顶保温　空气过滤与新风系统　太阳能系统

高性能窗户　墙体保温

高效水循环

低能耗厨房　热泵

热泵暖水系统

低能耗采光

高能效家电

图 2-2　超低能耗建筑

2022 年 11 月，由中国建研院牵头的国家标准《零碳建筑技术标准》正式启动编制。该系列标准覆盖零碳建筑、医院、社区、园区、校园的完整评价体系，从不同维度和细分领域对零碳评价作出具体要求，具体指导我国零碳建筑、零碳医院、零碳社区、零碳园区和零碳校园的建设工作。

2.5.3.3　零碳建筑技术路径主动式建筑设计

1. 主动式建筑设计

（1）太阳能系统

太阳能系统在建筑中的利用主要有附加光伏系统（BAPV）和光伏一体化建筑（BI-PV）两种形式。BAPV 是最早且最常用的一种形式，它与建筑结构常见的安装形式，主要是屋顶光伏电站；BIPV 是将光伏建材与建筑融为一体，直接替代原有建筑结构，BIPV 采用的光伏技术主要可分为晶硅光伏组件和薄膜光伏组件，晶硅组件是市场的主流产品，单位装机功率高，转化效率可达 16%～22%，同样装机面积下发电量优于薄膜组件。

（2）地道风技术

利用土壤夏冷冬热的特点为建筑提供热（冷）能，通过设计阶段对管道冷却能力的计

	建筑主要房间室内热湿环境参数		
	参数	冬季	夏季
	温度(℃)	≥20	≤26
	相对湿度(%)	≥30	≤60
室内环境参数	建筑主要房间室内噪声级要求		
	建筑类型	指标要求	
	居住建筑	昼间≤40dB(A)，夜间≤30dB(A)	
	酒店类建筑	符合现行国家标准《民用建筑隔声设计规范》GB 50118—2010中室内允许噪声级一级的规定	
	其他类建筑	符合现行国家标准《民用建筑隔声设计规范》GB 50118—2010中室内允许噪声级高要求标准的规定	
	建筑主要房间室内空气品质参数		
	室内空气品质参数	指标要求	
	PM2.5($\mu g/m^2$)	≤50	
	二氧化碳浓度(ppm)	≤900	

	居住建筑能效指标				
	供暖年耗热量[$kWh/(m^2 \cdot a)$]	严寒地区	寒冷地区	夏热冬冷地区	温和地区	夏热冬暖地区
		≤18	≤15	≤8		≤5
能效指标	供冷年耗冷量[$kWh/(m^2 \cdot a)$]	≤3+1.5×WDH20+2.0×DDH28				
	建筑气密性(换气次数N_5)	≤0.6		≤1.0		
	公共建筑能效指标				
	建筑本体节能率(%)	严寒地区	寒冷地区	夏热冬冷地区	温和地区	夏热冬暖地区
		≥30		≥20		
	供冷年耗冷量[$kWh/(m^2 \cdot a)$]	≤3+1.5×WDH20+2.0×DDH28				
	建筑气密性(换气次数N_5)	≤1.0		—		

碳排放量核算	$C=\sum_i(E_{购入电,i}+E_{购入热,i}+E_{购入冷,i}+E_{购入气,i})-\sum_i(E_{绿电,i})$

图 2-3　控制指标

算，确定管道的尺寸、长度、埋深及间距等，利用地道风技术，可以有效地缩短空调开启时间，极大限度地降低建筑的使用能耗。

（3）地源热泵技术

地源热泵指所有使用大地作为冷热源的热泵全部称为地源热泵，是利用地球表面浅层地热资源作为冷热源，进行能量转换的供暖空调系统，是一种既能供热又能制冷的高效节能环保型空调系统。

通过输入少量的电能，即可实现较多的能量从低温热源向高温热源的转移，利用地源热泵技术制冷，与传统中央空调技术相比能耗可降低 20％以上，是一种清洁高效的能源利用形式。

2. 被动式建筑设计

以气候特征为引导，通过建筑物本身来收集、储蓄能量（而非利用耗能的机械设备）

使得与周围环境形成自循环的系统。这样能够充分利用自然资源，达到节约能源的作用。在寒冷地区冬季以保温和获得太阳能为主，夏季兼顾隔热和遮阳作用。

2.5.3.4 深圳建科大楼设计（2009）【参考案例一】

1. 项目概况

建科大楼位于深圳市福田区北部梅林片区，总建筑面积 1.8 万 m²，地上 12 层，地下 2 层，建筑功能包括实验、研发、办公、学术交流、地下停车、休闲及生活辅助设施等。建筑设计采用功能立体叠加的方式，将各功能块根据性质、空间需求和流线组织，分别安排在不同的竖向空间体块中，辅以针对不同需求的建筑外围护构造，从而形成由内而外自然生成的独特建筑形态。深圳建科大楼实景图和功能分区图如图 2-4 所示。

图 2-4 深圳建科大楼实景图

2. 共享设计为支点

建筑设计过程是个共享参与权的过程，设计的全过程体现了权利和资源的共享，关系人共同参与设计。

3. 推敲建筑形态

利用"凹"字形的平面，将一个矩形大办公平面无形中分成了两个小矩形，可以大幅度缩短建筑的进深，获得良好的采光，建筑体型系数的降低，建筑物与外界热交换的面积也会得到相应的减小，这样有利于降低建筑物的能耗。建筑形体向着城市主导风向开口，可以进一步加强室内"穿堂风"的效果，促进室内的通风。

4. 建筑布局

经过精细分析、平衡，将地下两层安排不得不埋起来的人防地下室、停车库，以及需要承载力较大的实验室。首层的迎宾大厅采用架空的方法将空间与城市联通。大楼的低层区域安排对采光和通风要求不高的展厅和实验室；高区采光通风较好、景观视野开阔的部分安排人员众多的办公和设计功能；交流会议和多功能厅布置在大楼中间，成为空中的绿化花园和交楼平台，有效服务上下两个部分。顶部布置文娱活动、住宿休息和餐厅等配套功能。屋顶为花园、菜地和安置各种设备的场所。深圳建科大楼模型图如图 2-5 所示。

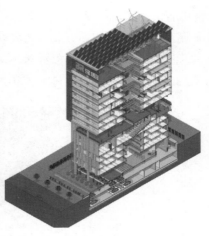

图 2-5　模型图

5. 节能措施

（1）绿色之高效运行、节能减排

① 节能 60% 以上。主要节能贡献要素：节能围护结构＋空调系统＋低功率密度照明系统＋新风热回收＋CO_2 控制＋自然通风＋规模化可再生能源。

② 节水 43.2% 以上。结合当地经济状况、气候条件、用水习惯和区域水专项规划等，统筹、综合利用各种水资源，采用雨水收集、中水处理回用等措施。给水排水系统设计、节水器具选用、人工湿地污水处理系统的布置等方面进行设计。非传统水源利用率为 43.52%。中水、雨水、人工湿地及环艺集成系统如图 2-6 所示。

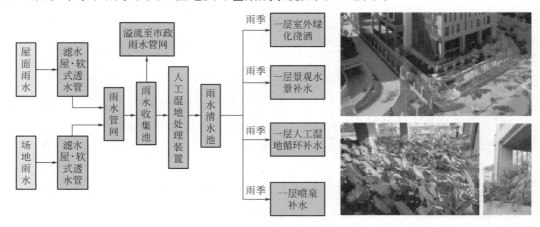

图 2-6　中水、雨水、人工湿地及环艺集成系统

③ 节材。项目设计无装饰性构件，全部采用预拌混凝土，可再循环材料使用重量占所有建筑材料总重量的比例约 10.15%。如办公空间取消传统的吊顶设计，采用暴露式顶部处理，设备管线水平、垂直布置均暴露安装，减少围护用材。采用整体卫生间设计，利用产业化生产标准部件，提高制造环节的材料利用效率，节约用材。

（2）绿色之人与自然共享共生

① 自然通风设计。利用监测数据模拟分析建筑风环境（风压、空气龄等），根据室外风场规律，进行窗墙比控制，然后研究各个不同立面采用不同的外窗形式（平开、上悬、中悬窗等），结合采用遮阳反光板。在建筑平面上，采用大空间和多通风面设计，实现室内舒适通风环境。遮阳板、中悬窗如图 2-7 所示。

图 2-7　遮阳板、中悬窗

② 自然采光设计。报告厅和办公区约 90% 的面积采光系数超过 2%，地下一层高出室外地面 1.5m，周边设置下沉庭院，通过玻璃采光顶加强采光效果。地下二层主要采用在 1 层玻璃采光顶下利用采光井等加强自然采光，车库车道利用光导管达到采光效果。

③ 噪声控制。通过结构措施防噪，在一～五层设置展厅、检测室和实验室等非办公房间减少开窗面积，减少室外噪声对人员的影响；采用双层窗，在受室外噪声影响较大的房间采用 Low-E 中空玻璃，隔热与防噪。要求其计权隔声量不小于 30dB；局部地方采取室内吸声降噪措施。

（3）绿色之以人为本

① 人与人的共享。建科大楼公共交流面积达到 40% 左右。层层设置的茶水间，成为大楼空中庭院的一部分。南北两部分的办公空间通过中央走廊联系起来，集中形成宽大的空中庭园。配合所在楼层的功能定位不同，这些或大或小的庭院里，可能成为花园、交流平台、咖啡茶座，甚至成为"日光浴场"。公共空间和空层绿化如图 2-8 所示。

② 生活工作共享平台。除了办公空间，大楼里分布着各种"非办公"的功能和场所，有屋顶菜地、周末电影院、咖啡间、公寓、卡拉 OK 厅、健身房、按摩保健房、爬楼梯的"登山道"、员工墙、心理室等，这些都是共同创造事业与共享生活的场所。

图 2-8　公共空间和空层绿化

2.5.3.5　中衡设计集团研发中心（2015）【参考案例二】

1. 项目概况

中衡设计集团企业研发中心大楼位于苏州工业园区独墅湖科教创新区，建筑类型为高层办公建筑，地上 23 层，地下 3 层，总建筑面积 77000m²。为国家绿色建筑三星级设计标识项目。中衡设计集团研发中心实景图如图 2-9 所示。

图 2-9　中衡设计集团研发中心实景图

2. 总体布局

地下一层为员工餐厅等辅助设施，地下二、三层为车库，地上一层至三层为配套设施及培训中心，四层以上为研发中心的主要工作空间。

3. 自然通风

总平面设计中，将塔楼设置于地块的中部偏北，裙房设置于地块南侧，裙房南侧设置了一个大型下沉广场。这样的建筑布局有利于场地中的气流组织，夏季东南风容易掠过较低的裙房，带走热量，冬季寒冷的西北风被高层的双层幕墙遮挡，调节了微气候。

单元体的错位布置引导着自然气流的流向，中厅高处开侧窗增强了自然通风，达到最优良的自然通风效果。裙房办公区使用"下悬窗＋玻璃挡板"的形式，形成侧向通风；塔楼采用巧妙的侧向通风玻璃幕墙系统。这两种外窗设计既满足了自然通风的要求，又避免了人员受到冷风直吹。

4. 自然采光

交错院落、共享中厅这些古典建筑元素，不仅在自然通风中发挥重要的作用，同时还为建筑内部提供了大量舒适的自然光。交错院落为设计室单元体之间提供了露天绿化景观，透过玻璃外窗为室内引入自然光线。门厅的天窗与幕墙、西侧设计室的导光筒、东侧设计室的内遮阳采光天窗以及员工食堂、地下球场顶部的大面积天窗，都为重要活动空间提供了理想的自然光环境。自然通风采光模拟示意图如图 2-10 所示，绿色健康建筑技术集合示意图如图 2-11 所示。

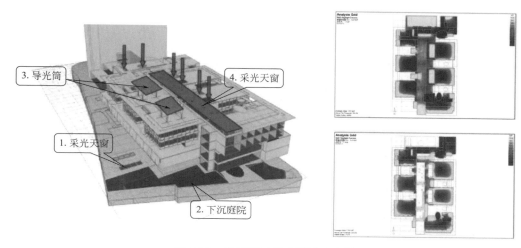

图 2-10　自然通风采光模拟示意图

图 2-11　绿色健康建筑技术集合示意图

5. 集成主动设计

中衡设计研发中心在优化被动设计的基础上，还使用了多种现代技术，使建筑运行以最小的资源消耗发挥最大的使用效率。太阳能热水与地源热泵实现了冷热源取之于天，取之于地；雨水回用将天然水源搬运回园林空间；风光互补的发电系统为鱼塘马达和宴客活动提供电能。

裙楼屋顶设有太阳能集热板 $264m^2$，供员工食堂厨房及健身房使用。

采用高效节能的地源热泵技术，提供供暖与空调的冷热源，选用 3 台额定制冷量为 1400kW 的螺杆式地源热泵机组，共打井 546 口，井深 100m。另配有 4 台冷却塔辅助供冷。经分析计算，大楼的空调制冷能耗较标准中的参照建筑减少约 27%。

收集屋面雨水，雨水收集池容量超过 $200m^3$。雨水经处理满足使用要求后，用于景观补水、绿化浇灌、道路和地库冲洗。在空调使用季节，多余的雨水用作冷却塔补水。此雨水回收系统每年可节约 5119t 自来水的消耗。

裙房屋顶设有两组风光互补并网发电系统，一年约可产出 4307 度电，约减少 CO_2 排放量 6.16t。产生的电并网后供应于裙楼屋顶的鱼塘沉水马达和塔楼屋顶的宴客等动态活动。此外，研发中心还使用了热回收新风机组、高效风机和变频水泵、节能灯具、公共区域人体感应照明控制等设备，最大化减少建筑运行对资源的消耗。

6. 丰富空间，以人为本

入口门厅是双层挑高大厅，自然光通过天窗与幕墙洒落进来，环厅而置的水池，闲适的锦鲤，让进入大厅的人瞬间得到了宁静。

中厅凭着丰富的配置成了设计大厦的"起居室"：开放式的咖啡厅、中式藏书楼、垂直的绿墙、舒适的沙发或座椅，以及方便员工的一站式服务中心。各设计室之间由景观庭院、连廊和旋转楼梯连接。

中厅顶部将裙楼屋顶主要部分分为东西两侧，东侧是园林景观的休憩场所，绿丛中的小道、散落的座椅都被层次丰富的绿植围绕着，是员工休息时散步、聊天的好去处。西侧是员工可以参与互动的屋顶农场。屋顶上凡有节能技术设备的地方就相应地设置了宣传墙，让员工和来访者更好地理解大楼运用的技术。

研发中心也不乏鼓励员工健康运动的空间，增进员工之间的交流。地下二层设有羽毛球馆，顶部以天窗实现自然采光，增加运动时的视觉舒适性。

裙楼四层的圆形展览馆和大楼顶层的衡艺空间，定期举办艺术品或建筑技术展示等活动，丰富企业的文化氛围，增强员工和外界的交流。设计中心也设置了一条绿色建筑参观流线，可为来访人员完整地展现全生命周期的绿色建筑运行状况。

丰富空间多彩的设计实景图如图 2-12 所示。

2.5.3.6　中国建筑设计研究院·创新科研示范中心（2018）【参考案例三】

1. 项目概况

中国建筑设计研究院创新科研示范中心位于北京西城区车公庄大街 19 号院，属于城市有机更新区建设项目。中国建筑设计研究院创新科研示范楼项目地上 14 层，地下 4 层，地上建筑面积约 2.1 万 m^2。中国建筑设计研究院创新科研示范大楼实景如图 2-13 所示。

2. 功能布局

创新楼的功能并不复杂，在设计过程中我们希望改变从功能分区到使用空间的简单化

图 2-12　丰富空间多彩设计实景图

处理方式，而是把功能转化为使用者的行为，以行为去引导场所的生成。

两层通高的门厅串联起咖啡厅、展厅、图书区、小超市、会议室和多功能厅等公共服务功能，这里成为创新楼公共生活的客厅。三层到十四层是各个设计部门的办公区，因为退台的造型没有所谓的标准层，从三层 1700m² 到十四层 1000m²，使用面积逐层缩小。连续退叠的室外平台和室内中庭组织起三层到十层的大开间办公区。

中庭顺应退台的形式，成为独树一帜的内部空间，也营造了合理的尺度与氛围。与强调效率的大开间办公区不同，这里是非正式的办公区，各设计部门都能以灵活的方式使用这片区域。连续的室外平台制造了某种场所的戏剧性。平台自上而下逐层放大，在二层成为一片完整的篮球场。平台让各层封闭的大开间办公区与自然环境建立起更直接的联系。功能分布图如图 2-14 所示。

图 2-13　中国建筑设计研究院
创新科研示范大楼实景图

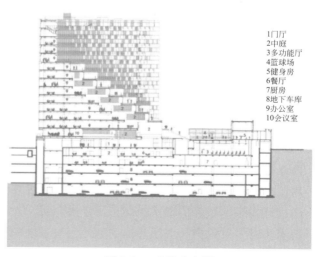

1门厅
2中庭
3多功能厅
4篮球场
5健身房
6餐厅
7厨房
8地下车库
9办公室
10会议室

图 2-14　功能分布图

从办公区到室外平台，从篮球场到下沉庭院，从临街的咖啡厅到展厅和图书区，空间的连续性、路径的开放性让复合的场所、多元的行为，呈现出集合的属性，建筑因此也有了些许城市的意味。创新楼多元复合的状态也在一定程度上改变了中国建筑设计研究院作为大型设计机构通常给人留下的印象，消解了以效率为先的大开间办公环境的枯燥与单调。平台、中庭、球场这些场所打破了封闭的空间边界。都成为对设计行为的支撑，由此集合的场所也体现了设计企业的特征。

3. 绿色设计

该建筑绿色设计示意图如图 2-15 所示。

（1）"绿色"形态设计

建筑形态完全按照日照条件容许边界围成的块体组合，同时考虑与国谊宾馆等建筑的邻里关系，将建筑的局部高度及边界进行控制。阶梯状的形态充分利用自然采光和通风，极大降低过渡季空调与照明能耗，同时选定合理传热系数的外维护结构降低外表面能耗。

（2）"绿色"平面设计

建筑设计通过平面布局优化进一步降低运营期间的能源需求。合理利用日照切出的三角形，将劣势转化为优势：核心筒等辅助空间布置在西侧，减少西晒对使用空间的影响，以降低能耗；充分利用东向、南向采光通风较好区域布置高效的大开间办公区，在北向布置的连续中庭，促进了办公区的自然通风。

（3）"绿色"平台设计

因日照条件对建筑形体切削形成的层层叠落的室外平台，是该建筑的最大特征。平台对于绿色建筑的意义主要有以下几点：缓解拥挤场地内人们缺少户外活动场所的矛盾；通过平台、屋顶花园以及墙面的绿植，为人们提供更多贴近自然的高质量的户外场所，引导员工使用平台流线。平台的建立，使得这个建筑成为一栋"健康"的楼，因为提供了更多的高质量的户外活动场所，所以让人有了接触阳光空气绿化的机会，"健康"成为创新科研示范中心一个具有自身特征的绿色理念。

（4）"绿色"立面设计

立面设计则遵循建筑各个面不同的采光通风需求，并结合平面位置和高度因素，将陶板和陶棍组合形成非线性的立面形态趋势，符合采光通风的需求。南立面还结合遮阳反光百叶设计了垂直攀缘绿化，建筑在四季的变化中呈现出不同的特征，赋予建筑生命感。

（5）"绿色"机电设计

为运行管理创造降耗增效的条件方面，机电设备不仅广泛使用了变频设备，而且在空调冷热源配置方面，通过系统优化，最大化利用可再生能源；使用新型变压器减少空载损耗；通过智能照明系统实现室内调光、场景照明、人走灯关的智能控制。本项目还特别设计了基于实时气象数据和气候补偿的室外气象条件联动控制、工作区开窗与空调关机联动控制。

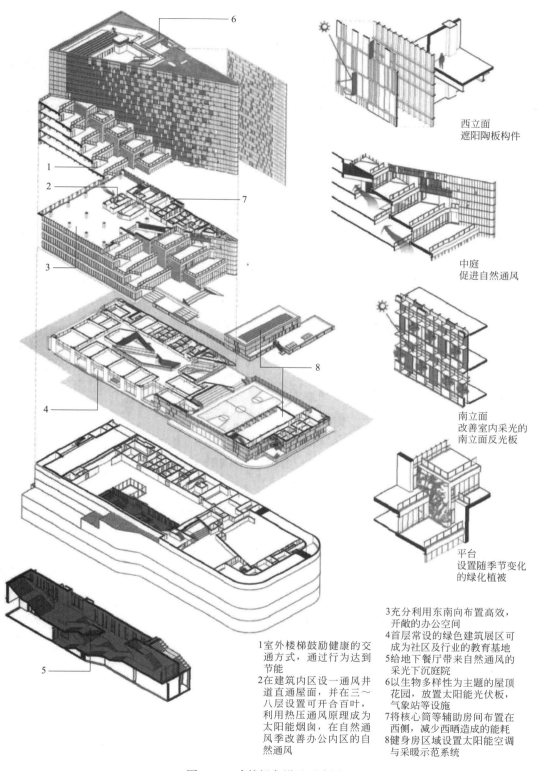

西立面
遮阳陶板构件

中庭
促进自然通风

南立面
改善室内采光的
南立面反光板

平台
设置随季节变化
的绿化植被

1室外楼梯鼓励健康的交
　通方式，通过行为达到
　节能
2在建筑内区设一通风井
　道直通屋面，并在三～
　八层设置可开合百叶，
　利用热压通风原理成为
　太阳能烟囱，在自然通
　风季改善办公内区的自
　然通风

3充分利用东南向布置高效、
　开敞的办公空间
4首层常设的绿色建筑展区可
　成为社区及行业的教育基地
5给地下餐厅带来自然通风的
　采光下沉庭院
6以生物多样性为主题的屋顶
　花园，放置太阳能光伏板、
　气象站等设施
7将核心筒等辅助房间布置在
　西侧，减少西晒造成的能耗
8健身房区域设置太阳能空调
　与采暖示范系统

图 2-15　建筑绿色设地示意图

第三章 绿色建筑

3.1 项目概况

马栏山（长沙）视频文创产业园坐落在优美的浏阳河畔，地处长沙市城市主体片区边缘，位于浏阳河拐弯处，与城市核心隔河相望，三一大道、东二环、万家丽路三条城市主干道交汇于此，相邻京港澳高速，位置优越，交通便利。园区规划发展区15.75km²，其中核心区（鸭子铺地块）5km²，功能区（生态文旅区、产业辐射区、生活配套区、人才培育区）约10km²。湖南创意设计总部大厦项目区位图如图3-1所示。

湖南创意设计总部大厦位于马栏山（长沙）视频文创产业园，该地块是省委、省政府落实"创新引领、开放崛起"战略的重大措施，是市委、市政府打造"国家创新创意中心"的战略布局；是实现"北有中关村，南有马栏山"美好愿景的生动实践。对标中关村，建设马栏山，突出文化与科技的融合，聚焦数字视频内容生产、版权交易等，大力推进园区建成全国一流的文创内容基地、数字制作基地、版权交易基地，成为极具全球竞争力的"中国V谷"。马栏山（长沙）视频文创产业园片区城市设计如图3-2所示。

图 3-1 湖南创意设计总部大厦项目区位图

图 3-2 马栏山（长沙）视频文创
产业园片区城市设计

3.2　方案设计

3.2.1　方案前期

2019 年 5 月 25 日　进行现场探勘。

方案比选阶段：2019 年 5 月 28 日在集团三公司设计院、省建科院共征集 9 个方案进行比选，经评选推荐 6 个方案于 2019 年 6 月 9 日报长沙市政府，确定省建科院设计六所的方案为实施方案，并将该方案报省委省政府主要领导审查通过。项目第一轮六个方案比选如图 3-3 所示。

图 3-3　项目第一轮方案比选

2019 年 6 月 10 日方案报长沙市政府，确定省建科院设计六所的方案为实施方案，并将该方案报省委省政府主要领导审查通过。项目第二轮六个方案比选如图 3-4 所示。

2019 年 7 月 4 日，由于规划条件限制进行方案修改。2019 年 7 月 17 日，完整方案成形。方案调整策略如图 3-5 所示。

2019 年 9 月 2 日　办理用地手续，方案拟召开方案评审会。

2019 年 9 月 29 日　由长沙市规划和自然资源局组织专家召开方案评审会。

方案评审会提交方案如图 3-6 所示。

2019 年 10 月 16 日　方案评审会按专家意见修改完毕。

2019 年 11 月 4 日　马栏山园区管委会签署总图并联意见，方案外立面报规划局例会审。

2019 年 11 月 12 日　方案外立面报市审通过。

2019 年 11 月 15 日　总图公示最终方案如图 3-7 所示。

2019 年 11 月 28 日　总图公示完成。

图 3-4　项目第二轮方案比选

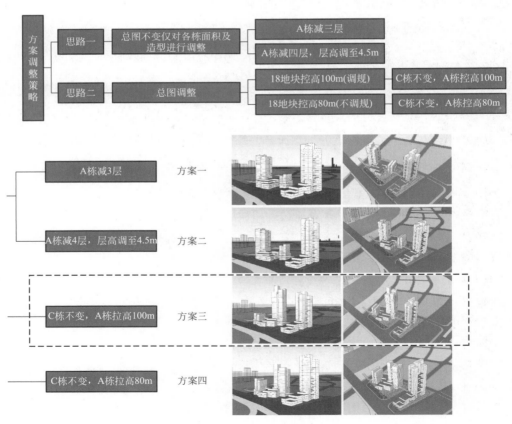

图 3-5　方案调整策略

图 3-6 方案评审会提交方案

图 3-7 总图公示最终方案

3.2.2 设计理念

湖南创意设计总部大厦项目选址于长沙马栏山视频文创产业园内地块 18（X06-A49）、地块 19（X06-A56-1），位于东二环以东，鸭子铺路以北，滨河路以南，滨河联络路以西，区域位置极佳。项目总用地面积为 29092m²，合计 43.63 亩●。

地块 18（X06-A49）规划总用地面积 17123m²（合 25.68 亩），净用地面积 12682m²（合 19.02 亩），总建筑面积 66167.45m²，总计容建筑面积 44345.01m²；不计容总建筑面积 21822.44m²；容积率 3.5，建筑密度 36.44%，绿地率 20.1%，机动车停车位 548 辆（其中地面停车位 21 辆，地下停车位 527 辆）。A 栋办公楼地上 16 层地下 2 层，正负零标高 34.15m；室内外高差 150mm；建筑高度 59.55m；B 栋办公楼地上 22 层地下 2 层，正负零标高 34.15m；室内外高差 150mm；一～二十二层层高 4.5m，建筑高度 99.15m。

● 1 亩 ≈ 666.67m²

　　地块 19（X06-A56-1）规划总用地面积 11969m²（合 17.95 亩），净用地面积 7401m²（合 11.10 亩），总建筑面积 36622.70m²，总计容建筑面积 25903.39m²；不计容总建筑面积 10719.31m²；容积率 3.5，建筑密度 33.96%，绿地率 20.1%，机动车停车位 282 辆（其中地面停车位 10 辆，地下停车位 272 辆）。C 栋办公楼地上 21 层地下 2 层，正负零标高 33.90m；室内外高差 300mm；层高 4.5m，建筑高度 94.8m。

　　该项目位于马栏山文创产业园，是马栏山文创产业园的第一批启动项目，突出文化创意，定位企业孵化，意打造成城市公园里的文创孵化器和生态公园里的创意孵化基地。

　　方案提出像素之城、媒体之城、山水洲城的概念。湖南是多元文化汇聚之地，像素化的盒子代表着一种包容性，该项目由商业、基本生活配套及地标塔楼等各种尺度和功能的盒体空间交织而成。以大小材质不同的像素盒子容纳不同的功能。兼收并蓄的像素之城也是对湖湘文化开放意识的具体总结。

　　方案生成引入聚沙成塔的概念，每一个像素化的盒子也是一个单元模块，通过灵活多变的组合方式结合装配式建筑的建造方法，打造创意之都。裙楼部分通过层层退台的方式，并引入屋顶绿化，将自然生态山水意境融入建筑之中，打造自然之丘，森林城市，如图 3-8 所示。

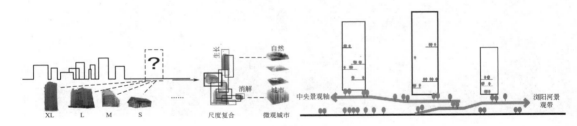

图 3-8　设计理念

　　建筑通过空间叠置，希望能使其更好地融入城市，并在不影响其他城市环境的基础上更好地利用城市景观资源，将建筑还城于民。通过垂直绿野的塑造，使二维的空间得到了三维的表达，增强了内部人员的交流。

　　塑造建筑之间的空间，即通过营造由大街、小巷、广场构成的多层级空间，希望与周边环境建立良好的互动，并塑造自身的存在感。建筑根据具体的使用特点将不同的功能空间分解开来，形成相对较小的尺度，意图寻求或者还原一种适宜的街巷尺度，营造出强烈的社区和城市生活氛围。通过庭院、广场、街巷等空间类型将其结合在一起，从而成为一个建筑群落的集结体，在其间活动，就像在一个小城市里活动。希望在已经被放大了的城市建筑尺度的前提下，仍然能创建一个内在的人性化的小尺度空间。

　　办公楼放弃多余的装饰和堆砌，以简洁明快的体量和纯粹的玻璃幕墙来展现建筑的空间美、结构美。为避免单调感，并通过裙房的层层退台及塔楼的体量分解和顶部升起高低错落的造型获得变化，体现该建筑独特的形象和现代特征。

　　多层次的景观布置使景观空间相互渗透、连续流畅，情趣变化，使高层办公都能享受到多维度的景观。层层跌落的退台景观与建筑空间的结合设置，使建筑不用脱离在自然条件之外，而是与自然融为一体。高低起伏的天际线不仅缓解了对城市的压抑感，而且也使得立体景观特点鲜明，并与南侧城市公园绿轴相呼应，如图3-9所示。

一个建筑，也可以是一个小城市。

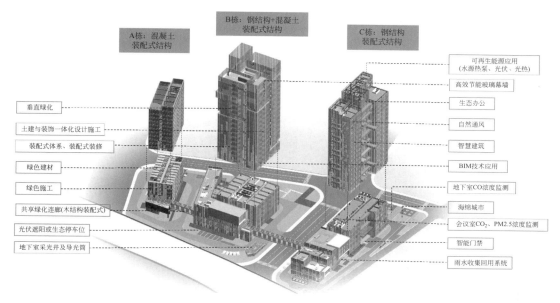

图 3-9　轴测分析图

3.2.3　方案论证

该项目进行了诸多专项论证，如：结构、暖通、绿建智能化，具体论证如下。

3.2.3.1　B栋结构体系论证

1. 项目结构基本情况

工程 B 栋为地上 22 层，地下 2 层，层高均为 4.5m，B 栋层数较多，平面规则，平面为典型的外框内筒，采用钢管混凝土框架—钢筋混凝土核心筒结构，其对比方案为钢框架—中心支撑结构。B 栋考虑钢柱截面优化均在箱型柱内浇筑混凝土。为有效缩短工期，保证施工进度，外墙采用玻璃幕，楼面采用免支撑体系，内墙采用快装轻质墙板。

2. 造价比较

方案一

（1）钢材及钢筋造价：$0.080 \times 11000 + 0.019 \times 5300 = 980.7$ 元/m²。

（2）混凝土及支模造价：约 720 元/m³，用量比方案二稍大，故造价与方案二相当，不参与造价比较。

方案二

（1）钢材及钢筋造价：$0.120 \times 11000 + 0.007 \times 5300 = 1357.1$ 元/m²。

（2）轻质墙体造价：约 800 元/m³，造价与方案一混凝土和支模造价相当，不参与造价比较。

3. 结论

工程根据方案一（钢管混凝土框架－钢筋混凝土核心筒结构）和方案二（钢框架－中心支撑结构）比较：

结构选型论证会现场如图 3-10 所示。

根据实际情况考虑工期、经济性以及专家组意见，最后采用方案一（钢管混凝土框架－钢筋混凝土核心筒结构）体系，结构专家评审意见，如图 3-11 所示。

图 3-10 结构选型论证会

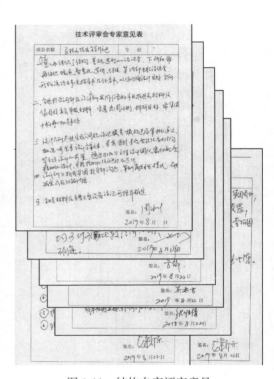

图 3-11 结构专家评审意见

3.2.3.2 C 栋空调方案论证

湖南创意设计总部 C 栋位于长沙马栏山视频文创产业园内，建筑面积 3.54 万 m^2，其中地面标高以上建筑面积 2.59 万 m^2，地面标高以下建筑面积 0.95 万 m^2。地上一层架空，二层为学术交流中心、食堂、职工之家等，三层为学术交流中心及大小不同的会议室，四层为档案室、阅览室、信息中心及标准所办公室等，五～十八层为各生产所办公室，十九～二十一层为院管理层办公室。

马栏山片区拟建南、北两个能源站，该项目距南区能源站很近，根据能源站建设方介绍，北区能源站在 2020 年 6 月可达到运营条件，南区能源站正在进行前期设计，根据管理层和生产所加班特点，以及能源计费方式等情况，大楼二～四层及十九～二十一层拟采用能源站供能方式，五～十八层拟采用多联机空调方式。

以下针对二～四层及十九～二十一层，采用能源站方式及多联机方式进行对比。
空调选型论证会现场及专家评审意见如图 3-12、图 3-13 所示。

图 3-12　空调选型论证会

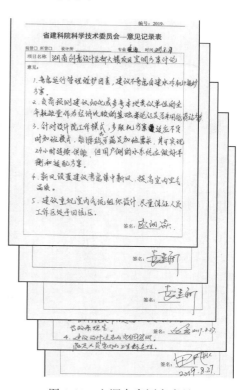

图 3-13　空调专家评审意见

1. 空调负荷估算（见表 3-1）

空调冷热负荷初步估算　　　　　　　　　　表 3-1

二～四层与十九～二十一层建筑面积（m²）	夏季		冬季	
	总冷负荷（kW）	冷指标（W/m²）	总热负荷（kW）	冷指标（W/m²）
7640	764	100	458.4	60

2. 初投资对比（见表 3-2）

初投资对比　　　　　　　　　　表 3-2

项目	C 栋二～四层与九～二十一层		
空调方案	多联机方案	区域能源方案	
面积（m²）	7640	7640	
用能形式	VRV	能源站集中供能	
单位面积造价（元/m²）	400	配套实施费（元/m²）	二次管网及末端（元/m²）
		130	155

续表

项目	C栋二~四层与九~二十一层		
分项初投资(万元)	305.6	配套实施费(万元)	二次管网和末端投资(万元)
		99.32	118.42
配电费用(万元)	45	—	
换热机房(万元)	—	设备投资 25 万元;换热站需占用地下室面积约 50m² (约 4 个车位),折价 60 万元	
初投资合计(万元)	350.6	302.74	

3. 年运行费用对比(见表 3-3)

年运行费用对比 表 3-3

项目参数	年供冷量约 83.25 万 kWh,年供热量约 38.97 万 kWh		
	多联机系统运行费用		区域能源服务运行费用
方案对比	年供冷/热耗电量(万 kWh)	42.41	冷热流量费:0.55 元/kWh
	总电费/能源使用费(万元)	42.8	67.2(能源费用)+67.2×0.2(泵及末端电费)=80.64
	折旧(万元)	22.55	8.86
	运维费用(万元)	3	5(维护)
	年运行费用	68.35	94.5
小结	使用多联机方案和区域能源服务相比运行费用节约 26.15 万元		

4. 其他方面对比(见表 3-4)

其他方面对比 表 3-4

	多联机空调系统	区域能源站
安装灵活性	空调可整体安装,也可根据需要分层安装	一次性安装到位
室外机/换热站安装位置	室外机安装于室外平台,对立面有影响	需设置换热机房(位于地下室)
系统可靠性及运行效果	一层 1~2 套多联机系统(带计费功能),系统全年运行可靠,低负荷时系统也可较好的运行。当冬季室外温度较低时,室外机会化霜,导致制热效果不理想。学术交流中心(三层)层高较高,宜单独设置小型模块机(水系统)	系统运行可靠。过渡季节,能源站主机可能不会开启,需申请运行
节能性	夏季能效高,冬季当室外温度较低时,室外机会化霜,能效下降	水泵可根据末端负荷变频控制转速,有较好的节能性。水泵有最低的变频下限,当负荷很低时,水泵只能按最低定转速运行,系统无法进一步节能
噪声问题	空调室外机安装于室外平台,会对相邻区域产生噪声及振动影响,需做降噪减振处理	大的运行设备设计于换热机房,仅有末端设备对空间有噪声影响

	多联机空调系统	区域能源站
能量调节方式	自带控制系统,可根据负荷情况变频运行	水泵根据末端负荷变频运行
运行维护	运行维护量少,无需专人维护	需专人(或兼职人员)维护管理

3.2.3.3　基础选型

工程绝大部分为负二层地下室,C栋西侧局部一层地下室,根据地勘初步报告以及结合建筑荷载情况,初步拟A、B、C栋主楼采用桩基础,可选桩基础为旋挖桩以及人工挖孔桩,考虑该项目紧邻浏阳河边,水位较高,需论证人工挖孔桩的可行性,由于地块强风化土层较厚(最薄处8m,最深20m左右)人工挖孔桩穿透强风化板岩层难度大,可考虑持力层为强风化通过扩底提高单桩承载力特征值。机械旋挖桩相对安全,受环境影响较小,持力层设置中风化板岩层,其承载力高,相对经济。

对于一层纯地下室部分采用独立柱基,基础持力层为粉质黏土,根据具体水位复核是否需要设置锚杆,对于多层裙楼基础以及二层地下室部采用柱下独立基础+抗浮锚杆(或桩基础,桩基础兼抗拔桩使用),基础持力层为圆砾。基础论证会现场及基础选型专家评审意见如图3-14、图3-15所示。

图3-14　基础论证会

图3-15　基础选型专家评审意见

3.2.3.4 装配式绿色建筑论证

1. 基本情况

（1）A、B栋按二星级标准设计建设，C栋按三星级标准设计建设，已经取得相应设计标识证书，项目建成后拟申报运行标识。

（2）夏热冬冷地区办公建筑节能设计研究及应用。

A、B栋外围护结构性能指标比《湖南省公共建筑节能设计标准》DBJ 43/003—2017提升10%。

C栋外围护结构性能指标比《湖南省公共建筑节能设计标准》DBJ 43/003—2017提升20%。

形成建筑围护结构能耗计算分析报告并贯彻实施。

（3）办公建筑空调形式对比研究（中央空调系统与多联机系统）。

C栋一～四层和十九～二十一层采用区域能源站供能，末端为风机盘管＋新风方式；五～十八层采用多联机系统。

项目建成后将对耗能进行长期监测研究，形成研究分析报告。

（4）持续对可再生能源技术综合应用及运行进行跟踪研究。

该项目B栋及C栋一～四层和十九～二十一层空调冷热源由附近的区域能源站提供，主要能源形式为水源热泵。

在C栋裙楼屋面设置少量太阳能热水系统，C栋主楼屋面设置少量太阳能光伏板。

建成后将长期跟踪监测，对数据进行分析研究，形成研究分析报告，为本地区可再生能源应用提供数据支持。

（5）装配式结构体系综合应用。

A栋混凝土装配式结构，B栋钢框架混凝土核心筒结构，C栋钢结构装配式结构。项目建成后将形成装配式体系工程应用总结报告。

（6）绿色建筑自动监测、控制与展示系统。

设置智能化集成管理平台，打造结合BIM、融入智慧建筑的绿色建筑自动监测、控制及可视化展示系统。

实时连续监测能耗、水耗、水质、空气品质、温湿度等指标，异常实时预警；对空调、电梯等主要用能系统远程控制。

（7）BIM全过程应用。

该项目设计、施工阶段已采用BIM技术，建成后运维阶段也将融入BIM技术。

2. 技术路线与课题分解

技术路线与课题分解如图3-16、图3-17所示。

3. 证会专家评审意见

绿色建筑论证会现场及专家评审意见如图3-18、图3-19所示。

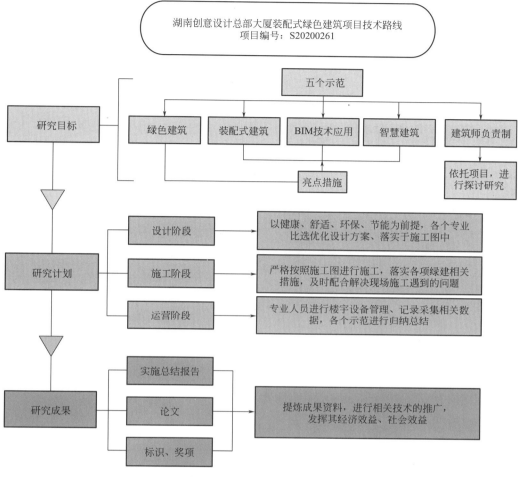

图 3-16 技术路线

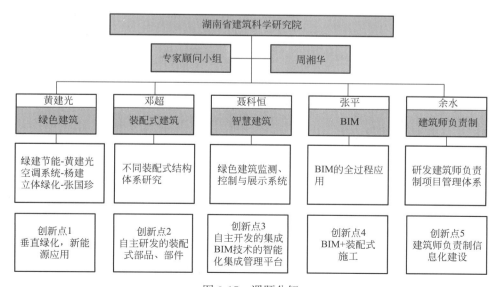

图 3-17 课题分解

图 3-18　绿色建筑论证会

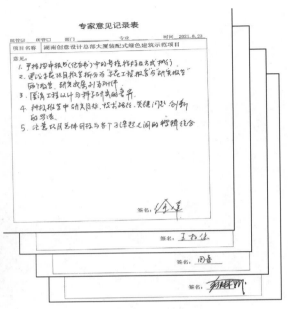

图 3-19　绿建专家评审意见

3.3　装修设计

装修设计方案如图 3-20～图 3-37 所示。

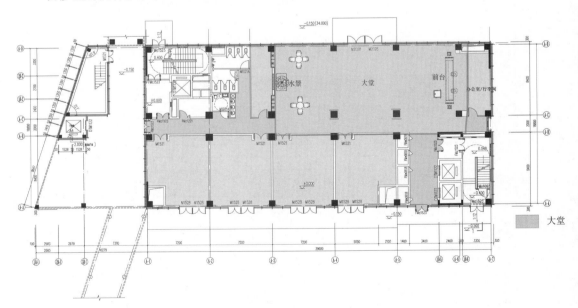

图 3-20　A 栋一层平面方案

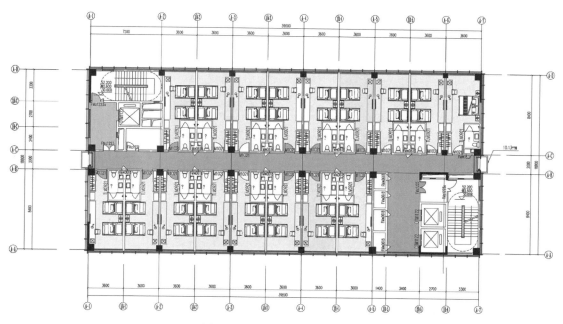

图 3-21　A 栋标准层平面方案

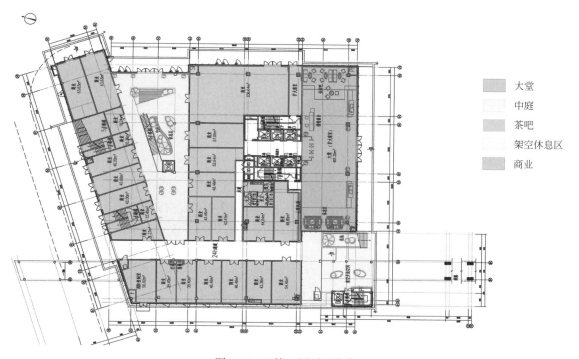

	大堂
	中庭
	茶吧
	架空休息区
	商业

图 3-22　B 栋一层平面方案

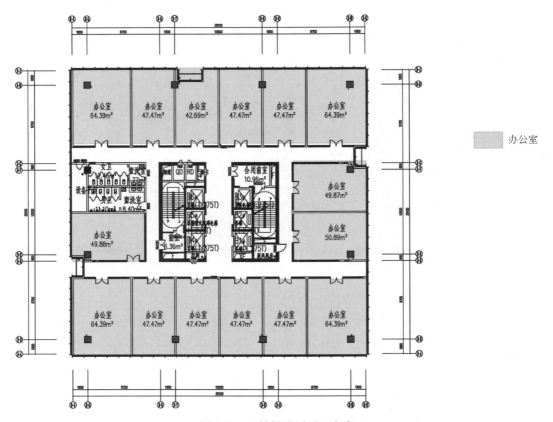

图 3-23　B 栋标准层平面方案

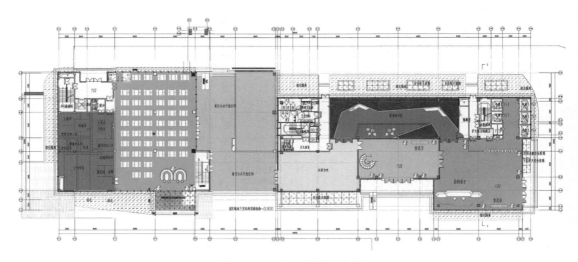

图 3-24　C 栋一层平面方案

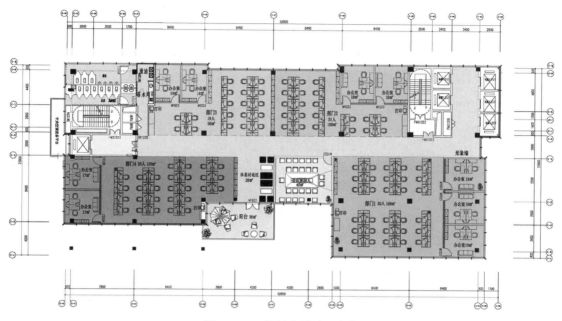

图 3-25　C 栋标准层平面方案

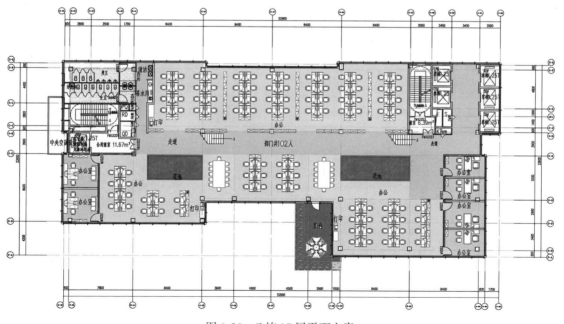

图 3-26　C 栋 17 层平面方案

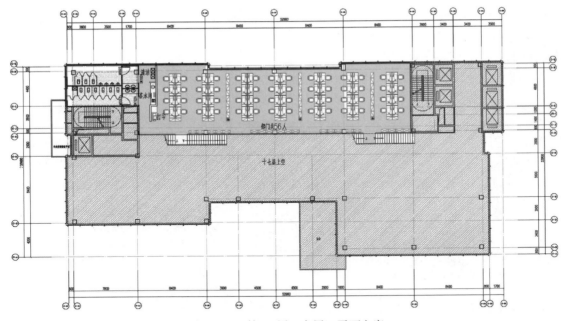

图 3-27　C栋 17 层（夹层）平面方案

图 3-28　标准层开放办公室方案

图 3-29　办公室实景

图 3-30　一层大堂方案

图 3-31　一层大堂实景

图 3-32 学术交流中心方案　　　　　　图 3-33 学术交流中心实景

图 3-34 接待室方案　　　　　　图 3-35 接待室实景

图 3-36 电梯厅方案　　　　　　图 3-37 电梯厅实景

3.4 绿色建筑应用

绿色建筑应用流程如图 3-38 所示:

图 3-38　绿色建筑应用流程

3.4.1　绿色建筑策划

A、B 栋按绿色建筑二星级设计标识设计建设，C 栋按绿色建筑三星级设计标识设计建设。已通过绿色建筑设计标识评审，建成后拟申报相应级别的运行标识。

3.4.1.1　主要绿色技术要点如下

1. 平面布局、建筑朝向、自然通风和自然采光

尽量接近南北向布局，最大限度地利用自然通风和自然采光。平面布局时尽量把卫生间、楼梯间等为主要功能房间布置在东西向。地下室通过设置采光井、导光筒的方式改善自然采光效果。

2. 围护结构节能

项目采用玻璃幕墙体系，因长沙属于典型的夏热冬冷地区，做好冬季保温、夏季隔热是幕墙设计的重点，项目将探索三玻两腔、双银甚至三银 Low-E 玻璃，充氩气，以及优化节点构造等措施，提升幕墙节能设计。同时加强其他围护结构节能措施。总体目标是 C 栋比节能标准优 20%，A、B 栋比节能标准优 10%。

3. 空调形式及可再生能源应用研究

拟根据不同用户特点，分别选用不同的空调形式，如集中式空调系统（末端采用风机盘管加新风方式），或者多联机形式。采用集中式空调系统时，冷热源由周边水源热泵区域能源站提供。另外，C 栋塔楼屋顶设置少量太阳能光伏系统；C 栋裙楼 5 层屋面设置少量太阳能热水系统，综合利用可再生能源。

4. 立体绿化

结合平面布局及日照情况打造场区、西向幕墙、屋面、中庭、连廊等全方位立体绿化。场地绿化采用乔灌草结合的复层绿化方式。A 栋塔楼屋面采用种植屋面，B、C 栋裙楼屋顶采用屋顶花园的方式打造成室外休憩平台；A、B、C 栋西向外墙局部增加垂直绿化；地下车库出入口、C 栋首层架空层和二十一层天井区、室外连廊均设置绿化措施，地面停车位采用绿植遮阳生态停车位。

5. 节水措施及海绵城市

合理设置给水系统竖向分区，充分利用市政余压，选用节水型用水器具，做好用水的分户分项计量。同时结合景观设计，充分利用场地空间设置绿色雨水基础设施，规划场地地表和屋面雨水径流，对场地雨水实施外排总量控制。在 19 号地块场地东南角设置一套雨水收集回用系统，净化后用于绿化灌溉、景观水体补水等。

6. 其他节能措施

照明采用节能灯具，风机水泵采用符合节能评价值要求的产品，变压器采用 SCB13

型，采用节能电梯等。各用电用水分户分项计量，实时监测用电用水数据，中央空调等主要用能设备接入智慧建筑控制系统，可实现远程控制。

3.4.2 绿色建筑实施情况

3.4.2.1 节地与室外环境

1. 节地

（1）场地选址

该项目位于马栏山视频文创产业园，园区以数字视频创意为龙头，以数字视频金融服务、版权服务、软件研发为支柱的视频产业集聚区。

马栏山视频文创产业园位于长沙市开福区浏阳河第八湾，三一大道、东二环、万家丽路三条城市主干道交汇于此，相接京港澳高速公路，聚焦各类文创企业 2000 余家，爱奇艺、西瓜视频、新浪、银河酷娱等知名企业陆续落户。园区是湖南广电的驻地，依托湖南广电，园区规划了 15.75km²，正慢慢形成"一轴一带，两翼三区多岛"的规划格局：一轴即城市活力轴，一带即中央景观带，三区即滨河数字文化创意区、TOD 高密度综合发展区、滨河生态区，多岛即多样服务岛，打造嵌入主城区的传媒半岛。对标中关村，建设马栏山，马栏山建成文创内容基地、数字制作基地、版权交易基地，成为中国 V 谷。

（2）地下空间利用

项目充分利用地下空间，设置两层地下室，地下室的主要功能为设备间、停车库等；地下建筑面积 31 965.52m²，总停车位 831 个，其中地下车位 799 个，主要采用地下停车方式，配建地下停车位数量为总停车位数量的 96.3%。地下车库设立机动车、非机动车充电装置停车位 171 个，比例为 21.4%。

（3）乡土植物及复层绿化

该项目在大楼之间设计了集中绿地，绿化分为带状绿化、集中绿化和屋顶绿化。种植高大乔木，为行人进行遮阴，改善场地热环境，降低热岛效应。项目室外绿地直接对外开放。设置绿化地带以及建造中庭空间、盆栽植物花卉、构置亭阁碧潭、小桥流水、阳光草坪等多种绿化方式。其中典型的乔木主要有香樟、银杏、桂花等，灌木有山茶、苏铁、花石榴等，所有物种均属于乡土植物或在本土适应的植物，有利于植物的成活率和物种的多样性。屋顶绿化如图 3-39 所示。

图 3-39 屋顶绿化

（4）采取措施降低热岛强度

该项目在各建筑物中间均设置连廊，在夏至日 8：00～16：00 内有 4h 处于建筑阴影区域的户外活动面积，包括停车位、人行道、广场等，面积比例达到户外活动场地的 23.5%。

2. 配套

（1）出入口交通

据项目交通影响评价报告书分析可知，地铁 5 号线朝阳站距离项目用地约为 1.3km，地铁 3 号线丝茅冲站距离项目用地约为 1.4km，空轨媒体中心站距离项目用地约为 300m，项目周边 500m 范围内规划有公交首末站，影响区域内公交线路合理，进出项目的人流大部分可通过公共交通疏散。

（2）公共服务设施

该项目设置有食堂、会议室、办公室、酒店及地下车库等，满足生产和生活需求，属于多种功能公共建筑集中设置。室外环境和活动场地全天免费向社会公众开放，周边居民可共享室外空间。

（3）室外环境

项目南临马栏山片区中央景观带，三栋建筑通过连廊连通，连廊北达浏阳河风光带，项目与周边设施充分共享。

周边交通如图 3-40 所示。

图 3-40　周边交通

3. 室外风环境

项目通过 2 个工况对室外风环境进行模拟分析，各工况下项目周边人行区域平均风速在 0.5～5m/s 之间，风速放大系数小于 2，符合室外行人舒适要求。夏季、过渡季节主导风向条件下，建筑前后压差基本大于 1.5Pa，有利于室内自然通风。

工况 1（冬季工况）

模拟冬季平均风速情况下的建筑周边流场分布状况时，设定风向为 NW，风速为 2.8m/s。

解析：图 3-41 为冬季风向为 NW 的情况下距地面 1.5m 人行高度处风速云图。周边人行区域距地 1.5m 高度处初始风速、最大风速分别为 1.84m/s、3.52m/s。从图 3-41 中可见：人行高度处的风速基本都处于 0.176～3.12m/s 范围之内。符合室外行人舒适要求。

　　解析：图 3-42 为冬季风向为 NW 的情况下人行高度处风速放大系数分布图，从图 3-43
中可见，不同区域的风速放大系数不同，整个风场范围内，风速放大系数在建筑物拐角处
偏高，红线范围内风速放大系数最大达 1.9，满足规范要求小于 2。

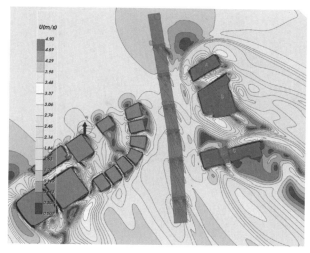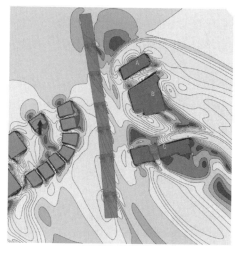

图 3-41　不同高度各区域距地面 1.5m 处风速云图　　图 3-42　各区域距地面 1.5m 风速放大系数图

　　解析：如图 3-43、图 3-44 所示冬季风向为 NW 的情况下建筑迎风面和背风面压力分
布图。可以看出建筑迎风面与背风面。

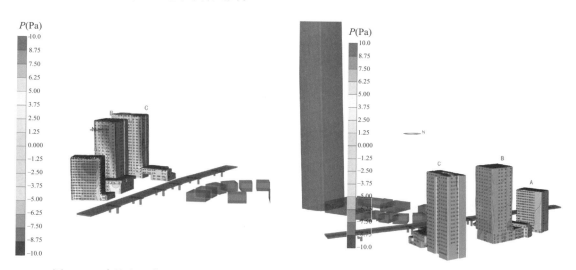

图 3-43　建筑表面背风面压力分布　　　　　图 3-44　建筑迎风面压力分布

工况 2（夏季、过渡季工况）

　　模拟夏季、过渡季平均风速情况下的建筑周边流场分布状况时，设定风向为 S，风速
为 2.6m/s。

　　解析：如图 3-45 所示，夏季、过渡季风向为 S 的情况下距地面 1.5m 处人行高度的风

速云图。周边人行区域距地 1.5m 高度处初始风速、最大风速分别为 1.71m/s、5.0m/s。可以看出：人行高度处的风速基本都处于合理的范围之内，人行高度处的风速基本都处于 0.30～2.14m/s 范围之内。部分范围内风速较小，但不会影响人们室外活动。表面风压差都不大于 5Pa，符合规范要求。

解析：图 3-46、图 3-47 为不同区域 1.5m 水平面风压云图。可以看出：红线范围外西南方向的风压较大，目标建筑所有的室内外表面风压都大于 0.5Pa，符合规范标准。有利于夏季、过渡季室内自然通风。

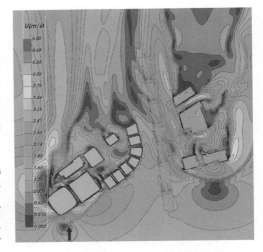

图 3-45　距地面 1.5m 处风速云图

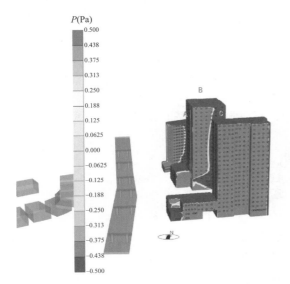

图 3-46　建筑表面迎风面压力分布

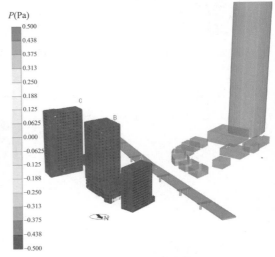

图 3-47　建筑表面背风面压力分布

4. 光环境

（1）室外光环境

项目采用低反射比玻璃幕墙。光污染主要来源于：场地内交通道路、绿化广场夜景照明灯具等。室外道路的照明设备选择中低光度、内透光的照明灯具（LED 灯），能有效地防止产生光污染。该项目日照影响范围内无居住建筑，不影响周围居住建筑的日照要求。

（2）室内光环境

采光系数分析彩图可以直观地反映建筑内各个房间的采光效果，该项目中各楼层中标准要求房间的室内采光情况如图 3-48 所示。

5. 地下室采光

该项目 18 号地块在非人防地下空间设置了 17 个导光筒，19 号地块在非人防地下空间

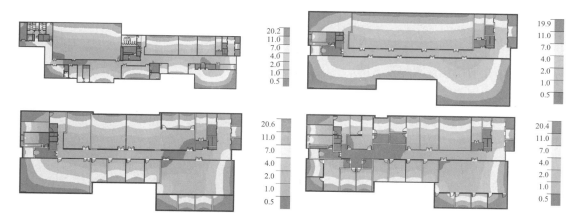

图 3-48　室外光环境

北侧设 5 个玻璃采光井，东侧设 2 个导光筒，南侧设置 2 个水面玻璃，有利于地下室一层采光，地下空间平均采光系数不小于 0.5％ 的面积与首层地下室面积的比例达到 10％ 以上。地下室采光如图 3-49 所示。

图 3-49　地下室采光

6. 室外声环境

项目西侧为东二环高架桥，桥两侧设置约 2m 高的隔声屏障，场地西侧临桥绿化带设置高大乔木，项目建筑南侧幕墙设置立体绿化，并减少西侧幕墙开启面积，以减少交通噪声对场地的影响。室外声环境如图 3-50 所示。

7. 无障碍设计

该工程在人行道，停车车位、建筑物出入口水平垂直交通等方面均考虑无障碍设计，并与市政道路无障碍设计紧密衔接；停车场设残疾人专用车位，室外人行道按规定设置像石坡道和触感块材，建筑入口有室内外高差处设坡度为 1/12 的残疾人坡道；该工程设无障碍电梯，建筑物内走道及门洞宽度均符合规范要求。建筑入口、电梯、无障碍通路等无障碍设施的位置及走向，均设国际通用的无障碍标识牌；供残疾人使用的门设计要求：弹簧门均为轻度弹簧门；门扇应安装视线玻璃、横执把手和关门拉手，在门扇下方安装高护门板；门内外有高差时，高差不得大于 15mm，并以 45°斜面过渡；建筑入口、电梯等无障碍设施的位置均应设置提示盲道；建筑入口及公共通道的门扇均设视线观察玻璃，平开门设横执把手和关门拉手。无障碍设计如图 3-51 所示。

图 3-50　室外声环境　　　　　　　　图 3-51　无障碍设计

3.4.2.2　节能与能源利用

1. 围护结构节能设计

该项目围护结构节能设计均优于《公共建筑节能设计标准》DBJ 43/003—2015 中的相应要求。该项目 A、B 栋玻璃幕墙采用两玻一腔三银 Low-E 充氩气 6＋12A＋6（隔热金属型材），气密性等级为 3 级，传热系数 1.83；外墙采用 50mm 岩棉板外保温，其热工性能比国家及地方现行相关建筑节能设计标准的规定高 10%。

C 栋玻璃幕墙采用三玻两腔三银 Low-E 中空玻璃，6＋12A＋6＋12A＋6（隔热金属型材），气密性等级为 3 级，传热系数 1.67；外墙采用 105mm 岩棉板外保温，其热工性能比国家及地方现行相关建筑节能设计标准的规定高 20%。

2. 节能高效照明

该项目公共场所、部位的照明采用高效光源和高效灯具与合理控制照明系统的开关。

办公室采用三基色 T5 管荧光灯，车库及设备用房采用 LED 灯管，楼梯间、走道、电井等区域照明采用 LED 节能灯。公共走道、门厅等处均设有疏散指示灯，各出入口设有场效发光型疏散出口指示灯。

公共照明采用节能控制或分组、集中控制方式。楼梯间、走廊等公共场所的照明，采用节能自熄开关，节能自熄开关采用红外线移动探测加光控的开关；各门厅、电梯前室和走廊等场所，采用夜间定时降低照度的自动调光措施；室外景观照明采取平日、节日等多模式智能控制方式。消防应急照明及疏散指示标志系统采用集中控制型系统，应急照明控制器设置于消防控制室内。

3. 自然通风技术

建筑采用南北朝向，单元空间玻璃幕墙可开启比例 A 栋为 9.67%，B 栋为 6.27%，C

栋为 8.44%，过渡季节可开窗通风，改善内区房间自然通风能力。通风隔热屋面。

A 栋塔楼可利用屋面全部采用屋顶绿化，B 栋裙楼栋可利用屋面全部采用屋顶绿化，C 栋塔楼全部采用架空屋面，裙楼栋可利用屋面全部采用屋顶绿化。

4. 空调系统

根据办公建筑平面布局及工作作息时间，针对空调形式进行对比分析，选择合适的空调形式，对初投资及运行费用进行详细的对比，对整个建筑的空调费用有至关重要的作用，湖南创意设计总部大厦 C 栋办公楼针对各楼层不同部门的职能及作息时间区分，选择了能源站及多联机两种空调形式联合对整栋办公楼进行供能，选择了较为恰当的空调形式，在整个空调使用过程中，起到了节约费用及能源的作用。

该项目 A 栋采用多联机空调系统，B 栋采用区域能源站中央空调系统，末端采用风机盘管＋新风系统。

C 栋五～十八层采用多联机空调系统如图 3-52 和图 3-53 所示。

图 3-52 多联式外机

图 3-53 组合式空调机房

5. 新风换气机

对于多联机系统区域，设置了全热交换新风机组，对新风进行冷热回收处理，可以达到热回收 65%～70% 以上,实现高效能,达到节能减排的目的。新风换气机设置空气滤网阻止室外的灰尘颗粒进入,保持室内的空气清洁,减少雾霾的影响。

6. 组合式空调机组自控原理图

C 栋一～四层、十九～二十一层采用区域能源站中央空调系统,末端采用风机盘管＋新风系统。区域能源站空调系统每台板式换热器一次侧冷(热)水管上设置热量表。机房设备动力用电采用独立分时计价电表计量。能源站空调系统在分集水器每一个回路设置能量计,每层设置能量计,对于可能外包的区域单独设置计量装置。通过自控系统,实现开多少,用多少;用多少,计多少。该项目的多联机空调系统采用了独立计费集中控制系统及分户计量系统,计量系统将电能表(安装于空调机组电源线上)所测的总耗电量分摊到各台室内机上去。随空调大小、开启时间、设定温度的不同,计费系统分摊给各用户的空调电费也不相同。应实现可实时对每台室内机电费进行精确计算,可按小时或天实时查看每台室内机的电费等功能。可实现系统内的所有室内机以及室外机的运转参数以及状态控制,通过管理系统随时监控所有室内机的运行状态,能源监测方面更加准确全面。

三相配电变压器满足现行《三相配电变压器能效限定值及能效等级》GB 20052—2006 的节能评价值要求。水泵、风机等设备,及其他电气装置满足相关现行国家标准的节能评价值要求。

供配电系统尽量做到简单可靠,减少变电级数过多产生的电能损耗。变配电所靠近负荷中心,合理分布供电网络,保证低压线路供电半径不超过 200m,提高供电网络的供电质量及网络运行的经济效益。

在变配电站低压侧设无功功率集中补偿装置,设置低压电容柜,自动分相分步调节功率因数,补偿后变压器高压侧功率因数达不低于 0.90。所有气体放电灯加补偿电容,使功率因数大于 0.9。

合理选择配电干线电缆。在满足允许载流量前提下,综合电压损失、热稳定性等各种技术指标,以及有色金属使用的经济指标,合理选择导线截面,并根据敷设条件选择电缆型号。

7. 能耗分项计量和能耗监测系统

根据分项计量的要求,对冷热源、输配系统、照明、动力系统等各部分能耗进行独立分项计量,打造结合 BIM、融入智慧建筑的绿色建筑监测、控制及可视化展示系统。能耗分项计量及能耗监测系统如图 3-54 所示。

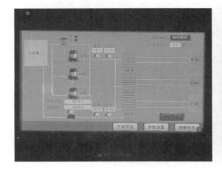

图 3-54　能耗分项计量及能耗监测系统

8. 可再生能源应用

该项目 B 栋全部采用了区域能源站空调系统，区域能源站能源主要由水源热泵提供。该项目 C 栋一～四层、十九～二十一层区域能源站空调系统。

另外，C 栋塔楼设置少量太阳能光伏系统，为十九～二十一层公共区域照明供电。C 栋裙楼 5F 屋面设置少量太阳能热水系统，为职工之家淋浴提供热水。

可再生能源如图 3-55 所示。

图 3-55　可再生能源

9. 排风能量回收

该项目 A、C 栋设置多联机空调系统时，采用了全热交换新风机，热回收效率大于 64%。

3.4.2.3　节水与水资源利用

1. 区域水资源规划方案

该工程水源为市政自来水，市政水源二路，从用地北侧滨河路引一路 DN200 的市政给水管，另外从用地东侧滨河联络道引一路 DN200 的给水管至红线范围内；市政供水压力为 0.25MPa（相对标高绝对标高 34.15m 处测得）。项目采用雨污分流制，雨水收集采用独立式系统，与建筑污水、废水分开收集。粪便污水先经化粪池处理及厨房废水先经隔油池处理，然后与其他废水一道排入大楼内扩建的污水处理站，经二级处理达标后排入市政污水管网。此外，室外部分地面采用渗透地面，有效渗透雨水，补充地下水，保证地下水涵养量。

生活给水系统竖向根据绝对标高分区供水，A 栋一～二层为市政直供区，采用城市自来水水压直接供水；三～九层为供水一区，采用一区变频供水设备加压供水；十～十六层为供水二区，采用二区变频供水设备加压供水。B 栋一～二层为市政直供区，采用城市自来水水压直接供水；三～十二层为供水一区，采用一区变频供水设备加压供水；十三～二十二层为供水二区，采用二区变频供水设备加压供水。C 栋地下二～地上二层为市政直供区，采用城市自来水水压直接供水；三～十二层为供水一区，采用一区变频供水设备加压供水；十三～二十一层为供水二区，采用二区变频供水设备加压供水。高区供水压力超过 0.2MPa 的较低楼层，均经减压稳压阀减压后供水。

2. 海绵城市设计

该项目设置了大量下凹式绿地、透水铺装等 LID 下垫面设施，18 号地块年径流总量控制率达到75.06％；19号地块还在场地东南角设置了一套雨水收集回用系统，蓄水池容积为70m³，收集的雨水经过净化处理满足杂用水水质要求后用于景观水体补水、绿化灌溉等，19号地块年径流总量控制率达到81.02％。雨水收集回用系统如图3-56所示。

图3-56　雨水收集回用系统

3. 节水措施

该项目节水措施主要包括选用节水器具和采取避免管网漏损的措施。

生活洁具均按《节水型生活用水器具》CJ/T 164－2014的要求选取。用水器具采用节水器具，卫生器具的用水效率达到用水效率标准的二级指标。

选用性能高的阀门、零泄漏阀门等，如在冲洗排水阀、消火栓、通气阀前增设软密封闭阀或蝶阀。

室外给水管采用钢丝网骨架塑料复合管，热熔连接。室内冷水管采用304薄壁不锈钢管，DN15～DN50者采用双卡压式连接，DN65以上者采用承插氩弧焊接。室内热水管采用304薄壁不锈钢管，DN15～DN50采用双卡压式连接，如图3-57所示。

图3-57　节水口喷灌

4. 分项计量

项目设计分项计量水表按用途和水平衡原则设置分类计量水表，给水引入设总计量装置，自来水给水、生活热水均分层计量各部分用水，分层计量水表安装在每层的给水管井内。室外绿化浇灌、地下车库冲洗、屋顶绿化用水等均设分项计量仪表。

3.4.2.4　节材与材料资源利用

1. 建筑结构体系节材设计

绿色建筑要求建筑造型要素简约，无大量装饰性构件，超高女儿墙的总造价低于工程总造价的5‰。未采用国家和地方禁止使用和限制使用的建筑材料及制品。

建筑结构：项目A栋采用PC结构装配式，装配率为79％；B栋采用钢混结构装配式，装配率为76％；C栋采用钢结构装配式，装配率为84％，均可评价为AA级绿色装配式建筑。

建筑结构规则：项目择优选择建筑形体，建筑形体为扭转不规则，属于国家标准《建筑抗震设计规范》GB 50011—2010 一般不规则形体。

采用高强度钢筋：采用框架结构，梁、柱纵向受力普通钢筋全部采用 HRB400 级高强度钢筋。该项目采用高强度钢筋占受力钢筋总重量的比例应大于 70%。

2. 室内灵活隔断

该项目 A 栋为酒店，裙楼为配套小商业，无可变换功能的空间；B 栋分单元（最小单元是一间办公室）对外出租或出售，分隔墙不宜采用灵活隔断，但靠走道的隔断均采用玻璃隔断，该项目 A、B 栋公共部位土建与装修一体化设计；C 栋是自用办公楼，全部进行土建与装修一体化设计。一～四层可变换空间为会议室、五～十八层可变换空间为大空间办公室，局部内隔墙采用轻钢龙骨石膏板或玻璃隔断，在下一步装修过程中全部进行灵活隔断设计施工，十九～二十一层大部分为小空间办公室，仅两个办公室为可变换功能空间，可变换功能空间全部进行了灵活隔断。

3. 预拌混凝土砂浆

该项目现场所有现浇混凝土均采用预拌混凝土。根据长沙市人民政府办公厅《关于转发市工业和信息化委等单位长沙市预拌砂浆管理办法的通知》（长政发〔2014〕34 号）的相关规定），提出预拌砂浆的使用要求，在结构设计总说明中提出要求，施工中予以落实。

4. 可循环材料的使用

该项目在设计选材时考虑材料的可循环使用性能，在保证安全和不污染环境的情况下，优先选用可再循环材料，可再循环材料用量占建筑材料总质量大于 10%。

应用建筑信息模型（BIM）技术：该项目在建筑设计、施工、运营阶段充分运用建筑信息模型（BIM）技术。

3.4.2.5　宜居

1. 室内自然采光、通风

该项目采用玻璃幕墙，室内采光系数全部满足采光要求；另通过优化建筑空间、平面布局和构造设计，改善建筑室内自然通风效果，在过渡季节典型工况下 89% 以上主要功能房间面积平均自然通风换气次数不小于 2 次/h。

（1）流场

图 3-58 为 C 栋标准层楼面 1.2m（坐姿呼吸区）高度处的流场分布情况。图中可见：标准层室内气流由西北侧风口进入室内，经走道从南侧及东侧风口流出，风口处气流大多呈射流状态，空气流通性较好，容易形成"穿堂风"，室内布局有利于自然空气流通，通风效果较好。

（2）风速

图 3-59 为 C 栋地上标准层楼面 1.2m（坐姿呼吸区）高度处的风速分布情况。图中可见：标准层室内走道风速相对较大，风口处形成较强射流，最大风速约为 2.71m/s 左右，室内整体风速较大，其他室内大部分区域风速在小于 0.752m/s。

C 栋标准层室内功能空间人体活动区域风速在 1.4m/s 以内，同时可以通过控制外窗的开启状态来调节室内风速，满足非空调情况下室内舒适风速要求。

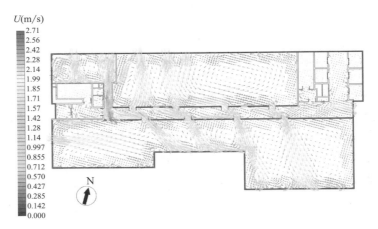

图 3-58　距楼面 1.2m 高度流场分布

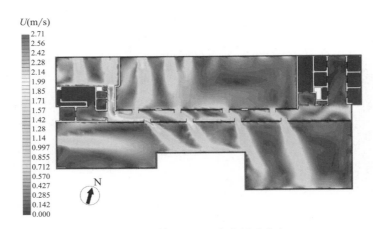

图 3-59　距楼面 1.2m 高度风速分布

（3）空气龄

图 3-60 为距 C 栋地上标准层楼面 1.2m（坐姿呼吸区）高度处的空气龄分布情况。图中可见：最不利房间空气龄平均在 1000s 左右，换气次数达到了 3.6 次/h，室内通风效果良好。

2. 立体绿化

项目建筑西侧和南侧幕墙设置立体绿化，以减少交通噪声对场地的影响，降低建筑日晒引起的建筑冷负荷能耗，和美化建筑的作用。

立体绿化因在玻璃幕墙外侧，绿化种植基质选择上首先考虑选用轻质、洁净、吸水、保水、易维护、耐久、安全的基质。用以轻质土为生长基质的模块式种植池，降低建筑幕墙荷载，植物提前在种植箱内育苗，施工便捷。垒土是以植物纤维为主要原料，是一种替代土壤的固化活性纤维土。基质物理结构稳定，不会因风雨冲刷流失、飞散的情况发生，消除了扬尘污染的隐患。兼具保水与轻质特性，耐高温且耐久性强，不易氧化。模块化生产，方便安装与更换。立体绿化效果图如图 3-61 所示。

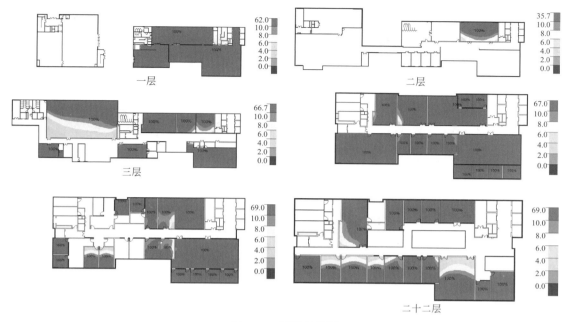

一层　　　　二层

三层

二十二层

图 3-60　视野分析图

图 3-61　立体绿化效果图

围护结构保温隔热设计：该项目屋面、地面、外墙和外窗的内表面无结露和发霉现象。在自然通风条件下，房间的屋顶和东、西外墙内表面的最高温度满足现行国家标准《民用建筑热工设计规范》GB 50176—2016 的要求。

遮阳措施：项目建筑西侧和南侧幕墙局部设置立体绿化，A、B 栋玻璃幕墙采用两玻一腔三银 Low-E 充氩气 6＋12A＋6（隔热金属型材）；C 栋玻璃幕墙采用三玻两腔三银 Low-E 中空玻璃，6＋12A＋6＋12A＋6（隔热金属型材）等。

室温控制：建筑室内空调末端均能进行独立开启和温度调节。

3. 通风换气装置

该项目 A 栋采用多联机空调系统，可根据使用情况灵活调节；B 栋采用区域能源站中央空调系统，末端采用风机盘管＋新风系统，C栋五～十八层采用多联机空调系统，可根据使用情况灵活调节；C栋一～四层、十九～二十一层采用区域能源站中央空调系统，末端采用风机盘管＋新风系统。风机盘管可以分档运行，每台风机盘管水管上安装电动二通阀，某个房间末端关闭时，电动二通阀联锁关闭，水系统循环水泵变频运行，同时可以根据实际负荷变化调节板变换运行台数，降低部分负荷、部分空间使用下建筑空调系统能耗。

地下车库排风（烟）合用一套管道系统；地下车库设置与排风机联动的一氧化碳浓度监测装置。

4. 空调设备控制系统

该项目采用两种空调形式，五～十八层设置多联机空调系统，主机放置于每层的室外设备平台及裙楼屋顶；一～四层、十九～二十一层院管理人员及行政人员办公层设置风机盘管加新风系统，冷热源为区域能源站，换热机房放置于地下室负一层，由能源站接入空调冷热水主管，经板式换热器进行换热，经水泵输送至分水器各系统相应楼层。经计算总热负荷为总冷负荷的2/3，并且十九～二十一层空调负荷约为一～四层空调负荷的50%，换热机房3台板式换热器，每台换热机组进、出口设温度传感器、出口设流量传感器及电动调节阀门，循环水泵一一对应。水系统采用一次泵变流量系统，末端风机盘管水管上安装电动二通阀，某个房间末端关闭时，电动二通阀联锁关闭，水系统循环水泵变频运行，根据系统实际负荷控制换热机组及水泵开启台数可满足最大负荷运行，同时也可满足部分负荷或低负荷运行需求，换热站整个水系统采用自动控制系统，达到节能的目的。换热机房内板式换热器一次侧按夏季6℃/12.5℃、冬季46℃/39.5℃。供/回水温度，二次侧按夏季7℃/13℃、冬季45℃/39℃供/回水温度进行选型。

5. 空调新风系统

在实际应用中，办公场所的人数是不断变化的，进出的人也是频繁的，所以实际需要的新鲜空气远远少于设计的新鲜空气。在系统运行过程中，新风量若不能根据实际人数进行调整，新风控制不好，空调系统的能耗就会增加。该项目空调末端根据建筑功能及空间布局，大空间场所采用全空气空调系统，人员密度较高且随时间变化大的区域（如多功能厅）设置二氧化碳浓度监测装置，根据室内二氧化碳浓度检测值对进入室内的新风采取需求进行控制，增加或减少新风量，使二氧化碳浓度始终维持在卫生标准规定的限值内，提高室内空气质量，节约空调能耗。

6. 空调计量系统

能源站空调系统在分集水器每一个回路设置能量计，每层设置能量计，对于可能外包的区域单独设置计量装置。通过自控系统，实现开多少，用多少；用多少，计多少。该项目的多联机空调系统采用了独立计费集中控制系统及分户计量系统，计量系统将电能表（安装于空调机组电源线上）所测的总耗电量分摊到各台室内机上去。随空调大小、开启时间、设定温度的不同，计费系统分摊给各用户的空调电费也不相同。应实现可实时对每台室内机电费进行精确计算、可按小时或天实时查看每台室内机的电费等功能。可实现系统内的所有室内机以及室外机的运转参数以及状态控制、通过管理系统随时监控所有室内机的运行状态，能源监测方面更加准确全面。

3.4.2.6 示范实施成效与成果

项目打造湖南地区第一家以绿色建筑、装配式建筑、智慧建筑和 BIM 全过程应用四个示范为一体的综合示范工程。项目采用多种新技术，实现多个新目标，打造地区标杆，具有较好的引导和展示作用，有利于带动新技术的推广。

该项目全部为玻璃幕墙建筑，A、B 栋围护结构热工参数比现行节能标准优 10%，C栋围护结构热工参数比现行节能标准优 20%。高性能的节能幕墙体系，既减少了建筑能耗，也提高了人员办公的舒适性。幕墙选型对于玻璃幕墙建筑具有很好的参考价值，为节约能源起到引导作用。

各种可再生能源技术综合应用：针对建筑物内房间布局、房间功能及办公楼中各工作人员作息时间，根据各空调形式特点，以及该项目所在区域有能源站空调形式以及建筑空调负荷及模拟能耗等分析比较，B 栋空调系统冷热源全部由区域能源站提供，C 栋一~四层、十九~二十一层空调系统冷热源全部由区域能源站提供，区域能源站的能源以水源热泵为主。C 栋塔楼屋顶设置太阳能光伏系统；C 栋裙楼五层屋面设置太阳能热水系统。为项目提供了新的能源形式，有效减少电力消耗。

各种装配式结构全面示范，A 栋采用 PC 结构装配式，B 栋采用钢混结构装配式，C栋采用钢结构装配式；各栋建筑装配率均大于 75%，均可评价为 AA 级绿色装配式建筑，实现了材料的节约利用，并提高了可再循环材料的使用比例。

设计、施工、运营阶段充分运用建筑信息模型（BIM）技术，减少设计碰撞，提高施工效率和运行效率，节约成本。

场地绿化采用乔灌草结合的复层绿化方式，A 栋塔楼屋面采用种植屋面，B、C 栋裙楼屋顶采用屋顶花园的方式打造成室外休憩平台；A、B、C 栋西向外墙局部增加垂直绿化；地下车库出入口、C 栋首层架空层和二十一层天井区、室外连廊均设置绿化措施，地面停车位采用绿植遮阳生态停车位。同时利用连廊打通项目北侧浏阳河景观带和场地南侧中央景观带，与周围景观实现共享。场区按海绵城市标准设计建设。项目建设提升了场地自然环境品质。

打造结合 BIM、融入智慧建筑的绿色建筑监测、控制及可视化展示系统（实时连续监测能耗、水耗、水质、空气品质、温湿度等指标，异常实时预警；对空调、电梯等主要用能系统远程控制）。加强节能运行的同时对该楼用户和来访客户进行直观展示，对增强节能意识，倡导绿色低碳生活具有积极意义。

该项目不同于一般的开发项目，而是湖南建工集团根据发展形势、结合集团产业布局、充分运用数十年积累的开发、设计、施工、运营经验，着力打造的试点示范项目，也是新技术应用的试验基地。通过绿色建筑、装配式建筑、智慧建筑和 BIM 全过程应用四个示范，对探索常用装配式结构体系、常用可再生能源、办公楼空调系统形式、高性能节能幕墙、智慧建筑、BIM 全过程应用等极具实用和推广价值。

3.5　低碳建筑应用

湖南创意设计总部大厦位于长沙马栏山视频文创产业园，为绿色、低碳、健康、舒适、智能的现代办公建筑。启动建设以来，瞄准"双碳"战略目标，始终坚持以绿色、节约、循环、低碳为理念，以"建筑师负责制"统筹建筑全生命周期建设和运营，打造"绿色建筑""装配式建筑""智慧建筑""BIM 全过程应用"示范工程。以装配式技术、BIM 技术和数字化智能控制作为主要技术减少碳排放，实现绿色低碳建筑的各项技术在建筑行业的设计、建造、运维、拆除等场景中的综合示范和应用，达到了建造活动绿色化、建造方式工业化、建造手段信息化、建造管理集约化、建造过程产业化，是减碳的有效方法。

3.5.1　实施情况

项目通过深入应用绿色建筑、装配式建筑、智慧建筑与 BIM 等一系列先进的建造技术与一系列碳汇、碳捕集利用与封存措施，使得项目在源头上与建造过程中均取得了显著的减碳效益。其中，碳排放控制及碳汇、碳捕集利用与封存的主要措施如下：

3.5.1.1　绿色建筑技术控制碳排放

（1）建筑朝向、自然通风和自然采光：项目主朝向接近南北向，自然通风采光情况良好（尤其 A、C 栋为条式建筑）。平面布局时尽量把主要功能房间布置在东西向。北地块地下室设 17 个导光筒；南地块地下室北侧设 5 个玻璃采光井，东侧设 2 个导光筒，南侧设置 2 个水面玻璃，有效改善地下一层空间采光效果。

（2）围护结构节能措施：A、B 栋围护结构热工参数比现行节能标准优 10%，C 栋围护结构热工参数比现行节能标准优 20%。如：A、B 栋幕墙采用三银 Low-E 充氩气 6＋12Ar＋6 中空玻璃，C 栋幕墙采用三玻两腔三银 Low-E6＋12A＋6＋12A＋6 中空玻璃，型材均采用隔热金属型材。

可再生能源：B 栋空调系统冷热源全部由区域能源站提供，C 栋一～四层、十九～二十一层空调系统冷热源全部由区域能源站提供，区域能源站的能源以水源热泵为主。C 栋屋顶设置少量太阳能光伏系统，为十九～二十一层公共区域照明供电；C 栋裙楼五层屋面设置少量太阳能热水系统，为职工之家淋浴提供热水。

其他节能措施：照明采用节能灯具，风机水泵采用符合节能评价值要求的产品，变压器采用 SCB13 型，采用节能电梯等。各用电用水分户分项计量，实时监测用电用水数据，中央空调等主要用能设备接入智慧建筑控制系统，可实现远程控制。

绿化措施：采用乔灌草结合的复层绿化方式；裙楼屋顶采用屋顶花园的方式打造成室外休憩平台；A、B、C 栋西向外墙拟局部增加垂直绿化；地下车库出入口、C 栋首层架空层和二十一层天井区、室外连廊均设置绿化措施，部分停车位采用绿植遮阳生态停车位。

开放共享：项目南临马栏山片区中央景观带，三栋建筑通过连廊连通，连廊北达浏阳河风光带，项目与周边设施充分共享；C 栋首层绝大部分架空，同时 B、C 栋裙楼设屋顶花园，C 栋设室外露台，二十一层设天井等开放共享空间。

室内环境品质：大会议室设计二氧化碳、PM2.5 监测并与风机系统联动；地下车库设计一氧化碳浓度监控系统，一氧化碳浓度监控系统超标报警，且与该区域的机械通风系统联动。C 栋采用三玻两腔幕墙，隔声效果较好，同时选用低噪声型设备。

BIM 应用：设计、施工、运营阶段充分运用建筑信息模型（BIM）技术。

水资源高效利用：地面绿化浇灌采用微喷灌，设置分区控制阀门。节水器具用水效率系数达到 2 级及以上，达到水资源高效利用，实现绿色建筑节水目的。

海绵城市：南北两地块均按海绵城市要求设计，结合景观设计，充分利用场地空间设置绿色雨水基础设施，规划场地地表和屋面雨水径流，对场地雨水实施外排总量控制。在 19 号地块场地东南角设置一套雨水收集回用系统，净化后用于绿化灌溉、景观水体补水等。

3.5.1.2 装配式建筑技术控制碳排放

根据三栋建筑不同特点分别采用不同的装配式结构体系：

主楼 A 栋采用混凝土结构装配式，为装配式整体框架剪力墙结构；B 栋采用钢混结构装配式，为钢管混凝土框架—钢筋混凝土核心筒结构；C 栋采用钢结构装配式，为钢框架—中心支撑结构。各栋建筑装配率均大于 75%，均达到 AA 级绿色装配式建筑要求，连廊运用装配式木结构，同时 A 栋采用了装配式管井，以及建工集团自主研发的共轴承插型预制一体化卫生间。实现装配式体系综合应用。

3.5.1.3 智慧建筑控制系统控制碳排放

通过各类传感技术，实时采集建筑体内的温度、湿度、空气洁净度、阳光照度、人员密度及活动轨迹等情况，让建筑体具备感知功能，能感知建筑体内外环境的变化。通过楼宇自控技术，实现对建筑体内的所有机电设备的监测和控制；并通过 AI 技术、大数据分析、云端专家服务平台，实现建筑体根据自我感知进行自我调节，以最少的能耗达到最佳的环境状态。

3.5.1.4 BIM 全过程应用技术控制碳排放

根据项目特点将 BIM 技术合理应用到全过程，①设计阶段：缩短设计周期，提升沟通效率，提升设计质量，减少专业冲突及设计变更，优化管线排布，确保竖向净空，辅助项目的算量统计，严格控制项目投资预算，精细化施工管理，辅助项目施工进度、成本、质量、安全控制。②施工阶段：通过 BIM 工程模型建立，实现三维设计校对和优化，基于 BIM 的施工及管理，实现项目各参与方协同工作。③运营阶段：将人、空间与流程相结合进行管理。设施管理服务于建筑全生命周期，在规划阶段就充分考虑建设和运营维护的成本和功能要求。运用 BIM 技术，实现运营期的高效管理。

3.5.1.5 碳汇、碳捕集利用与封存

场地采用乔木、灌木和草坪相结合的复层绿化方式，裙楼屋面设置绿化屋面。设置绿

化地带以及盆栽植物花卉、阳光草坪等多种绿化方式。其中典型的乔木主要有香樟、银杏、桂花等，灌木有山茶、苏铁、花石榴等，所有物种均属于乡土植物或在本土适应的植物，有利于植物的成活率和物种的多样性。

在建筑西向、南向局部位置设立体绿化，既可以减少交通噪声对场地的影响，又降低了建筑日晒引起的建筑冷负荷能耗，提升室内热舒适度。立体绿化因在玻璃幕墙外侧，因此，绿化种植基质选择上首先考虑选用轻质、洁净、吸水、保水、易维护、耐久、安全的基质。用以轻质土为生长基质的模块式种植池，降低建筑幕墙荷载，植物提前在种植箱内育苗，施工便捷。垒土是以植物纤维为主要原料，是一种替代土壤的固化活性纤维土。基质物理结构稳定，不会因风雨冲刷流失、飞散的情况发生，消除了扬尘污染的隐患。兼具保水与轻质特性，耐高温且耐久性强，不易氧化。采用整体智能水肥滴灌系统，便于养护，可提高水肥利用率。植物品种选用抗性较强的爬藤植物—常春油麻藤。模块化生产，方便安装与更换。

根据测算，工程场地绿化面积 $4828.4m^2$，裙楼绿化屋面面积 $1032m^2$，立体绿化总面积 $690m^2$，理论最大固碳量约为 157.8t/年。

3.5.2 建筑物全寿命周期碳排量计算方法

3.5.2.1 建筑物碳排量产生的阶段划分及分类

1. 碳排量计算与建筑寿命周期阶段划分研究

按建筑全寿命周期阶段上看，建筑物碳排量的主要产生阶段分为设计、建造、运行、拆解 4 个部分。从碳排放的来源又将建筑物的碳排量分为燃烧燃料、场地处理、消耗电力、使用热力、使用建筑材料、运输和水资源消耗 7 个大类。

按照建筑物的生命周期对碳排放进行分阶段的计算与研究，所得到的建造过程碳排量、运行使用碳排量即拆除过程碳排量，可为建筑各阶段的低碳管理提供依据，便于分阶段控制建筑物碳排放，有利于发展低碳施工技术，同时，在建筑物管理过程中，通过合理的物业管理和用户的低碳生活方式，减少了建筑物的碳排放。

本书针对低碳建筑的设计，建筑设计用图纸规划建筑空间和建筑形式，基本决定了建筑物的各项特性包括全寿命周期的碳排量，但在设计阶段并未真实地发生，与通过成本预算判定建筑设计的经济性相似，建筑物结构低碳的定义应以设计结果为基础，使建筑物整个使用寿命的碳排放预算。对建筑物碳排放来源分为 7 类，可以看出某些类型的碳排放会发生在建筑物的几个阶段，建筑设计在对某项因素进行确定会影响到多个阶段的碳排量。例如在设计初期，确定了门窗的形式及数量，门窗的形式决定其使用寿命，影响到使用阶段的门窗更换次数以及拆除后的可回收率，最初设计确定的门窗所产生的碳排量既包括建造初期使用的门窗内含碳排量，也应包括使用阶段更换门窗的内含碳排量，并且扣除回收门窗的内含碳排量。因此对于建筑构件和材料的选择，既考虑材料本身蕴含的碳排放，又考虑材料的使用寿命和回收率，减少使用中的更换次数或增加拆卸后的回收量，减少建筑材料整个使用寿命的碳排放。合理组织建筑总平面布局，减少施工活动对场地植被的破坏，并设置屋顶花园及建筑物的垂直绿化，增加运行阶段的植被数量，提高绿化对二氧化碳的吸收量而服务于总量减排的目标。

分类别的计算与研究，有助于在设计阶段对建筑低碳性的评定和优化方面加以分类控制，对建筑设计的评估和优化更加具有针对性，本书按照碳排放来源划分类别的方法，建筑生命周期碳预算作为评估和优化建筑低碳设计的基础。在分类研究的基础上再将类别中的各组项与发生时间相对应，亦可得到每一个阶段的数值作为后续管理的依据。

2. 建筑构件及材料全寿命周期碳排放

建筑物全寿命周期材料内含碳排量的数值与材料的使用数量和材料形式相关。材料的投入和使用发生在除前期策划及设计阶段的所有阶段，即从建造、运行到拆除过程。根据建筑物各专业的设计情况，初期投入各种土建及设备材料，完成建筑物的构建过程。我国建筑物的合理使用年限为 50 年，钢筋混凝土主体结构工程的使用年限可达 50 年或以上，但并非所有构件的使用寿命都能达到 50 年，根据各构件的使用情况在运行阶段需要加以更换。建筑物主要构件及材料的合理使用年限及更换次数见表 3-5。

建筑物主要构件及材料的合理使用年限及更换次数　　　　表 3-5

建筑构件设备名称	使用寿命（年）	构件更换次数 N
木质、合金装饰板	30	1
屋面防水、墙地面瓷砖	30	1
别墅屋顶结构	25	1
门窗	25	1
铸铁水管	30	1
采暖供热设备	15	3
涂料	10	4

建筑材料内含碳排量应扣除拆除后回收部分的内含碳排量，因此还需要考虑在建筑拆除后回收部分的材料数量，主要可回收建材回收系数见表 3-6。

建筑材料回收系数　　　　表 3-6

建材名称	型钢	钢筋	铝	铜
回收系数	0.8	0.4	0.85	0.9

3. 建造、运行及拆除阶段施工活动碳排放

建筑物寿命周期中的现场施工活动包括建造施工和拆除施工，以建造为主，属于产业分类中狭义的建筑业的产业活动。建筑物竣工完成后进入运行阶段，拆除阶段在运行阶段之后，是建筑物实体的解体过程。建造与拆除的活动相同的地方时都需要使用相应的工程机械，两阶段主要的碳排量源都是以机械设备使用为主，所不同的是两个阶段活动的目的相反，是实体的形成与解体这两个互逆的过程。

建造和拆除过程中，各种物质的运输也是消耗能量的一个方面，建筑材料在运输过程中消耗燃料，产生碳排放。这部分碳排放的产生地虽然不在施工现场，但是产生于施工活

动中材料使用的需将材料从生产地运至建造现场，因此计入建造阶段碳排量。该部分碳排量的大小由以下3个因素决定：运输材料的数量、运输距离、运输方式即运输工具的单位运距能耗量。

水资源的消耗主要发生在建造阶段的混凝土养护过程，拆除阶段因城市环境的需要用水降尘，研究施工活动中水资源消耗部分的碳排量，以施工图预算中对施工阶段用水量的预算作为计算对象，运行阶段和拆除阶段施工活动用水量较少，可不做计算。

4. 建筑运行阶段日常使用碳排放

建筑物管理阶段日常使用产生的碳排放包括取暖和空调、照明和供水等能源使用产生的碳排放，此阶段绿化设置可通过植物的碳汇作用减少总的碳排量。

虽然建筑物整个生命周期的总能耗包括建筑阶段所用各种材料的物化能，但在使用阶段建筑物的节能也在下降，但运行阶段的总能耗仍然占有主要部分。由于室内环境舒适度要求的普遍提高所带来的采暖空调设备使用量的提高，维持建筑物日常运维的能耗又成为运维阶段的主要能耗源。运行过程中的使用能耗可通过计算机软件模拟计算得出，作为碳排量计算的依据。

用水量的预算依据用水量设计确定，主要与建筑物的使用用途相关。

表 3-7 列出常见类型的建筑物的日常用水量。

常见类型的建筑物的日常用水量 表 3-7

建筑类型	用水量	建筑类型	用水量
普通住宅	110L/（人·d）	办公建筑	40L/（人·d）
酒店式公寓	250L/（A·d）	中小学校	30L/（A·d）
别墅	330L/（人·d）	商场	6.5L/m^2 营业面积·d

3.5.2.2 选定碳排放系数法作为碳排量计算方法

根据研究对象和目标的各不相同，建筑物领域碳排量计算采用的方法一般有实测法、投入产出法、物料衡算法和碳排放系数法等。

1. 实测法

在环境污染控制方面，实测法的应用已有较为广泛的应用。计算公式为式（3.1）。

$$G = OQ \tag{3.1}$$

式中：G 为实测的污染物单位时间排放量；C 为实测的污染物算数平均浓度；Q 为废气或废水的流量。

该方法仅适用于使用过程中污染源的测量，应充分考虑采样的代表性。在实践中经常采用物料核算算法、经验计算和测量方法，这些方法相互校正和补充，可以得到可靠的污染物排放结果。

2. 投入产出法

宏观研究通常采用定量分析经济体系不同部分（国家、区域、部门、公司或经济）投入和产出之间关系的方法。该表列出了一段时间内投入和产出的分布情况，并在此基础上建立数学模型，计算消费系数，采用经济分析和预测方法。

在低碳经济时代对于产业发展及碳排放的相关性研究中，根据产业投入材料及能源的数量与产出产品的数量或价值等经济数据，结合物质能源的碳排放特征，研究产业在宏观层面的碳排量及其对国民经济和关联产业的影响，并推算产品的碳排放特征。在建筑领域的碳排放研究中，一般在材料生产部门，可建立产业部门的投入产出模型，得到相关制造业的碳排量，并根据产品数量从而推断出行业部门该产品的平均内含碳排量，宏观层面的碳排量核算可作为产业低碳经济发展的评判指标，而微观层面的产品内含碳排量则可以作为国家或地方建筑物碳排放计算的依据。

微观层面建筑物碳排放的研究，涉及材料生产、建筑施工、建筑使用者等众多部门，投入产出模型的建立涵盖面广，难度较大，且对于建筑设计成果即虚拟建筑物的评价，由于实际投入尚未发生，因此通过设计模型进行预测，难以采用该方法对建筑物全寿命周期碳排量进行预算。

3. 物料衡算法

物料衡算是从工业设计中衍生出的计算方法，依据质量守恒定律，投入物质量等于产出物质量，根据原料与产品之间的转化量，对生产过程中使用的材料条件进行定量分析，计算原料消耗量、各种中间产品、产品和副产品的生产量、生产各阶段的消耗量和成分。在温室气体排放量计算中，系统、全面地探讨了一种科学有效的基于工业源排放量、生产工艺和管理、资源、通过在排放实体的投入和活动中平衡碳平衡将原材料和环境管理结合起来。

采用物料平衡法计算污染物排放量，必须全面了解生产过程、物理变化、化学反应和副反应，以及环境管理等基本技术数据，如原材料、辅助材料、燃料消耗的组成部分和标准以及产品性能指标。虽然这种方法可以提供更准确的碳排放数据，但它需要在整个过程中对投入和产品进行全面分析，工作量很大，过程也比较复杂，适用于生产部门对具体产品碳排量的精确核算，建筑物寿命周期活动涵盖内容广泛，投入材料类型复杂，不适合采用该方法进行计算。

4. 碳排放系数法

系数法是以已知系数为标准来配置资源的一种方法。碳排放系数法则是对某项活动以确定的系数来分配即计算其所产生的碳排量，按照碳排放系数确定该部分活动所产生的碳排量，即碳排放系数法的基本原理，其计算可用式（3.2）表达。

$$C = AK \tag{3.2}$$

式中：C 为碳排量；A 为某项活动发生的数据；K 为该项活动所对应的碳排放系数，即单位活动量产生的碳排放，碳排放系数是决定某项活动碳排放产生数量的主要因素，在IPCC温室气体排放清单核算中称为"Emmission Factor"，国内研究中又将碳排放系数称为碳排放因子。

本书采用碳排放系数法编制建筑物寿命周期碳排放预算，该设施处于设计阶段，属于"虚拟建筑物"，借鉴建筑成本预算的方法，可根据建筑设计估算即将发生的各项活动数值，包括建筑材料的投入量、施工阶段工程量、使用阶段采暖能耗等数据，根据相应的研究取得对应的碳排放系数，例如单位材料内含碳排量、机械设备单位台班碳排量、单位能耗碳排量等数值，分别计算建筑物寿命周期中的各项活动和总投入物质所产生的碳排量。目前计算边界及碳排放系数的确定尚未取得通用的规则，成为碳排放计量并进入碳交易市场的一大阻碍。本书的研究虽不能解决建筑物碳排放度量的通用性，但可根据设计提取主要因素，构建设计阶段碳排量预算平台并通过度量结果对设计加以分析，寻找设计中的关键因素并提出优化途径，计算结果可根据地方性的碳排放系数加以调整，并不影响研究结果的理论意义和应用价值。

3.5.3　应用

3.5.3.1　成效

1. 经济效益

玻璃幕墙成本分析。

该项目属于外立面比较规则的高层办公建筑，工期短，因此选用单元式幕墙。单元式幕墙是在车间内将加工好的各种构件和饰面材料组装成一层或多层楼高的整体板块，然后运至工地进行整体吊装，与建筑主体结构上预先设置的挂接件精确连接。单元式幕墙工厂化加工程度高，使用性能优良，由于相邻板块的插接需要，龙骨的使用量会提高不少，所以相对价格要高一些。

智能照明系统通过对公共区域及办公室照明设备进行智能控制，预计此部分达到节电率约 15%～25%。建筑设备监控系统通过对暖通空调系统的设备管理，达到降低能耗的目的，预计此部分降低空调系统能耗 20%～25%。能耗监测系统通过监测、管理和考核，预计可以为整个建筑节约 15% 左右的总体能耗。

综合计算，由于智慧建筑系统的投入运行，该项目预计可以减少 35% 左右的总体能耗。

据有关资料统计，智慧建筑中智能系统的投资回收期为 5 年左右，远远低于建筑中的其他部分；智慧建筑的运行费和能耗比常规建筑低 30%～45%，而售房率和出租率比常规建筑高出 15%。智慧建筑的应用是节省成本的策略，使用了建筑的智能化体系，可增加功能、改善服务、提高效益及降低成本。

2. 社会效益

该项目可再生能源技术、被动式技术、装配式技术及智慧控制系统的应用，给本地节能建筑和绿色建筑的建设产生了积极的示范效应，从而在整体上有利于地区乃至国内建筑业的科技进步。该项目的建设和运营过程中，可形成大量的节能研究成果，这些成果对于同类建筑的节能策略的定制和执行具有重要的启发作用。该项目可以和马栏山视频文创产业园的智慧园区系统有机结合。这对建立和完善片区的城市现代化管理体系，促进园区的发展，具有重要的推动作用。

3. 效益

总体而言，该项目通过应用高性能玻璃幕墙、可再生能源复合供能技术、装配式技术和智能控制系统等技术，预计可以减少 45％左右的碳排放量，具有重大的环境效益。

以湖南创意设计总部大厦 C 栋为研究对象，分别对四种玻璃幕墙形式下的建筑能耗进行对比分析。

（1）6Low-E＋12A＋6＋12A＋6mm 钢化中空三银 Low-E 超白玻璃幕墙，见表 3-8。

6Low-E＋12A＋6＋12A＋6mm 钢化中空三银 Low-E 超白玻璃幕墙　　表 3-8

能耗分类	能耗子类	设计建筑 （kWh/m²）	参照建筑 （kWh/m²）	节能率 （％）
建筑负荷	耗冷量	48.17	56.71	15.06％
	耗热量	11.85	17.33	31.60％
	冷热合计	60.03	74.04	18.93％

（2）6 三银中透＋12A＋6mm 玻璃幕墙围护结构节能率见表 3-9。

6 三银中透＋12A＋6mm 玻璃幕墙围护结构节能率　　表 3-9

能耗分类	能耗子类	设计建筑 （kWh/m²）	参照建筑 （kWh/m²）	节能率 （％）
建筑负荷	耗冷量	62.97	71.05	11.37
	耗热量	21.53	17.44	−23.45
	冷热合计	80.50	84.49	4.51
供冷能耗	综合效率折算权重	2.5	2.5	11.37
	供冷能耗	25.19	28.42	
供暖能耗	综合效率折算权重	2.2	2.2	−23.45
	供暖能耗	9.78	7.93	
供暖供冷综合能耗		34.97	36.35	3.78

（3）6 中透 Low-E＋12A＋6mm 玻璃幕墙围护结构节能率见表 3-10。

6 中透 Low-E＋12A＋6mm 玻璃幕墙围护结构节能率　　表 3-10

能耗分类	能耗子类	设计建筑 （kWh/m²）	参照建筑 （kWh/m²）	节能率 （％）
建筑负荷	耗冷量	64.85	71.05	8.73
	耗热量	19.65	17.44	−12.69
	冷热合计	84.50	88.49	4.51
供冷能耗	综合效率折算权重	2.5	2.5	8.73
	供冷能耗	25.94	28.42	
供暖能耗	综合效率折算权重	2.2	2.2	−12.69
	供暖能耗	8.93	7.93	
供暖供冷综合能耗		34.87	36.35	4.06

选取不同玻璃幕墙形式，其建筑能耗对比分析如图 3-62 所示。

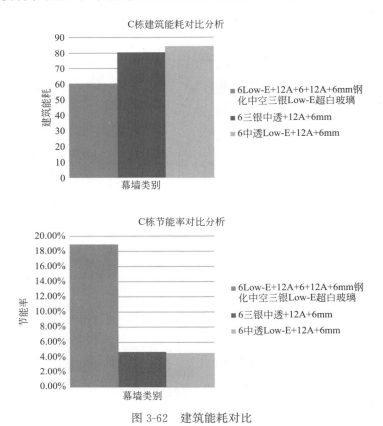

图 3-62　建筑能耗对比

3.6　BIM 正向设计

3.6.1　政策解读

党的二十次全国代表大会上的报告指出，推动绿色发展，促进人与自然和谐共生。

3.6.1.1　加快发展方式绿色转型

推动经济社会发展绿色化、低碳化是实现高质量发展的关键环节。加快推动产业结构、能源结构、交通运输结构等调整优化。实施全面节约战略，推进各类资源节约集约利用，加快构建废弃物循环利用体系。完善支持绿色发展的财税、金融、投资、价格政策和标准体系，发展绿色低碳产业，健全资源环境要素市场化配置体系，加快节能降碳先进技术研发和推广应用，倡导绿色消费，推动形成绿色低碳的生产方式和生活方式。

3.6.1.2　积极稳妥推进碳达峰碳中和

实现碳达峰碳中和是一场广泛而深刻的经济社会系统性变革。立足我国能源资源禀赋，坚持先立后破，有计划分步骤实施碳达峰行动。完善能源消耗总量和强度调控，重点控制化石能源消费，逐步转向碳排放总量和强度"双控"制度。推动能源清洁低碳高效利用，推进工业、建筑、交通等领域清洁低碳转型。深入推进能源革命，加强煤炭清洁高效利用，加大油气资源勘探开发和增储上产力度，加快规划建设新型能源体系，统筹水电开发和生态保护，积极安全有序发展核电，加强能源产供储销体系建设，确保能源安全。完善碳排放统计核算制度，健全碳排放权市场交易制度。提升生态系统碳汇能力。积极参与应对气候变化全球治理。

《湖南省绿色建造试点实施方案》（以下简称《方案》）到 2022 年，全省当年城镇新增绿色建筑竣工面积占比将达到 70%，实现城镇新建建筑全面实施绿色设计。

1. 湖南省为全国唯一绿色建造试点省份

绿色建造是采用绿色化、工业化、信息化、集约化和产业化的新型建造方式，提供优质生态的建筑产品，满足人民美好生活需要的工程建造活动，可最大限度节约资源，节能、节地、节水、节材、保护环境和减少污染。

2. 2022 年实现全过程标准管控

为让绿色建造早日得到推广，省住房和城乡建设厅等 12 部门联合印发了《方案》。并提出将推动绿色建筑立法工作，明确将装配式建筑、低能耗建筑、可再生能源建筑应用等技术推广应用纳入立法内容。同时依托湖南省工程项目动态监管平台，加强工程建设项目"事中事后"监管，督促绿色建筑技术和标准要求在设计、招标、施工、竣工管理过程中落地。到 2022 年，实现绿色建筑勘察设计、建设施工、验收管理全过程标准管控。

3. 大力推进绿色建材产品工程应用

《方案》明确，鼓励和支持建筑新材料、新型墙体材料等领域开展新工艺、新产品、新设备技术创新，加快推进绿色建材产品评价认证，将绿色建材产品纳入《湖南省两型产品政府采购目录》，并将绿色建材产品生产和使用信用情况纳入湖南省建筑市场信用管理，对存在不良行为的企业定期对外公布。

《湖南省科技支撑碳达峰碳中和实施方案（2022—2030 年）》

按照党中央决策部署的重点领域，结合湖南省经济社会发展的实际需求和科技创新的优势特色，紧扣科技支撑碳达峰碳中和，聚焦能源、工业、建筑、交通、农林五大重点领域，围绕基础研究、技术研发、成果转化示范、平台建设、人才培养、企业培育、国际合作等多个方面，提出十大具体行动。

建筑领域低碳零碳技术攻关行动。围绕建筑用能、绿色建造、绿色建材、城市智慧运维、乡村绿色人居等建筑产业发展重大方向，推动建筑领域全生命周期绿色化、智能化融合发展。

3.6.2　问题梳理

3.6.2.1　有关政策规定出台不足

BIM 技术作为建筑工程中的革命性技术，将会进一步增强企业核心竞争力，因此该技术的发展也受到了国家和行业的高度重视，对我国 BIM 技术的研发及应用有较强的推动作用。但是，这部分标准政策缺乏强制性，欠缺设计标准、出图标准、取费标准等方面的相关规范，导致行业对于 BIM 的使用没有统一的标准，彼此之间无法充分合作，影响整个建设进程。

3.6.2.2　缺乏三维设计意识

设计过程中关于 BIM 技术的应用更倾向于使用 CAD 等二维绘图软件设计后，根据二维图纸信息在 BIM 软件中创建三维模型，以检验二维设计中存在的错漏碰缺问题，并加以改正。这种应用方式在一定程度上会增加成本，避免施工过程中可能出现的问题，但不是 BIM 技术的理想应用方式。

BIM 技术的应用不仅限于"二维"转"三维"的过程，而且应该采用正向三维设计。设计者在设计之初，应使用 BIM 类三维设计软件，将全部的设计通过三维建模的方式展现，根据出图及施工要求，生成相应的二维图纸，便于查看与保存，这种正向设计可以节约"二维"转"三维"过程中所消耗的时间与人力，缩短工期，避免重复作业，且多专业协同设计有助于提高工程设计的效率，同时三维 BIM 模型所包含的属性信息可以实现业主、设计方、施工方、运营方、材料供应方等之间的数据共享，为项目各参与方提供决策依据的同时，提高信息流转效率。BIM 技术在建筑工程过程中应用问题如图 3-63所示。

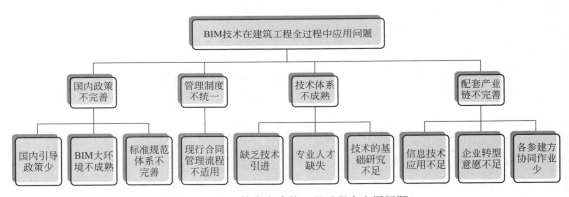

图 3-63　BIM 技术在建筑工程过程中应用问题

3.6.2.3　建模软件或管理平台适用性低

市场上有许多 BIM 软件，每个软件平台都会产生各自的历史背景，现在，全球范围内 BIM 核心建模软件主要集中在一些国外公司，但 BIM 建模后的属性信息是为工程各参与方提供决策的依据。近年来，国内 BIM 技术应用已经从简单的施工动画、碰撞检测等方面上升为注重信息共享和流转的建筑信息管理方面的应用。因此，针对项目管理流程依托 BIM 技术开发管理平台是未来的发展方向。

基于管理平台与工程之间的联系，选择一个最合适的平台则是工程开始的关键。许多企业在工程前期只是根据其他工程的应用实例，参照选择一个管理平台，而并没有根据实际需求，以及各个平台的数据源、特点、优势与劣势进行横向比较，选择最合适的管理平台。这就导致在后续的设计、施工及运维工程中出现各种各样的问题。

3.6.2.4 前期数据积累不足

BIM 技术除了在工程设计、建造过程中的大量应用，对于后期的运维阶段，也有十分重大的意义。但很多项目的 BIM 应用均存在于单一阶段，如前期设计阶段，没有形成整体、连贯的应用效果，尤其是在后期运维阶段将会遇到很多难以解决的问题。但是，很多工程没有将全部的数据充分统计，并整合在管理平台中，这使得后期运维阶段对于工程的了解不足，比如管道的腐蚀情况及使用寿命、消防系统的反应时间等信息，不能对可能出现的问题进行预判及处理，浪费大量的时间及成本。

项目难点、项目目标、梳理工作内容、明确项目应用点分别如图 3-64～图 3-67 所示。

项目建筑面积10.27万m²，为设计牵头的EPC项目，为装配式建筑，采用总包管理模式，项目成本控制严格、工期紧。

EPC项目	绿建三星	限额设计	工期紧	装配式建筑
以BIM技术为核心，链接设计施工。将本项目施工重难点提前沟通协调，提出解决方法，落实技术问题。重在数据传递共享	通过BIM技术分析功能配合绿建完成风环境、日照、噪声等分析，优化设计方案	严格按照分部限额进行设计，在设计过程中通过BIM模型发现问题，减少设计变更，通过机电管线综合进行合理排布管线，确定最优方案	基于BIM的全过程管理，各阶段参与方都积极融入，为项目提质增效	从项目方案阶段开始装配式设计，保证了项目设计全过程的装配式设计理念得以贯穿至最终的设计成果

图 3-64 项目难点

整体目标：
- 省级绿色施工及新技术应用示范工程
- BIM技术应用示范工程
- 集团全优项目、确保芙蓉奖、钢结构金奖、安装之星、全国装饰金奖，争创鲁班奖
- 智慧建筑
- 三星级绿色建筑（C栋）

管理目标：
- 进度控制：实现2020年9月投入使用
- 成本控制：基于信息化、协同化、精细化的设计成果实现限额设计
- 成本控制：前置各方需求，深入设计深度，实现后期零变更

科研目标：
基于绿色节能建筑、钢结构装配式、项目管理、能源管理、健康办公大楼、建筑信息模型(BIM)、信息化协同管理、智脑等课题的研究

BIM实施目标：
- 缩短设计周期，提升沟通效率，提升设计质量
- 减少专业冲突及设计变更，优化管线排布，确保竖向净空
- 辅助项目的算量统计，严格控制项目投资预算
- 精细化施工管理，辅助项目施工进度、成本、质量、安全控制
- 可视化三维运维平台
- 基于BIM 5D平台各责任主体参与的全专业全过程协同管理

图 3-65 项目目标

项目阶段	BIM工作内容	BIM应用点	成果文件
方案阶段	通过即时搭建全专业BIM模型，进行可视化展示及模拟分析，提供相关报告供设计参考	场地分析 方案可视化模拟展示 功能分区分析 风环境模拟 日照模拟 ……	项目分析报告（word文档） 项目可视化展示（视频、VR） BIM模型
初设及施工图阶段	整合全专业模型； BIM辅助出图； 进行设计优化； 钢结构装配式深化设计；	绿建分析 净高控制 冲突检测 专项设计（幕墙、钢结构、精装修等） 工程算量 BIM图纸提取（立面、剖面、复杂节点） BIM钢结构装配式深化设计 BIM可视化展示 ……	项目分析报告（Word、Excel文档） 项目可视化展示（视频、VR） BIM模型 图纸
施工阶段	通过BIM模型和BIM项目管理平台对项目进行施工项目管理，实现进度、成本、质量、安全控制，建立BIM工作站。	设计深化 管线综合 施工模拟 进度管理 材料统计 可视化交底 模型维护（竣工模型） 建立BIM工作站 ……	项目分析报告（Word、Excel文档） 项目可视化展示（视频、VR） BIM模型 BIM平台
运维阶段	基于竣工模型及智能化设计搭建大楼运维系统	空间管理 设备管理 应急管理 ……	运维系统

序号	BIM工作内容	业主	设计师	BIM人员	施工
1	项目启动阶段				
1-1	编制项目BIM实施策划书	审批	参与辅助	实施	
1-2	编制项目BIM技术标准	审批	参与辅助	实施	
1-3	编制项目实施计划	审批	参与辅助	实施	
2	方案设计				
2-1	场地分析	审批	参与辅助	实施	
2-2	风环境模拟	审批	参与辅助	实施	
2-3	日照模拟	审批	参与辅助	实施	
2-4	设计外立面推敲	审批	指导	实施	
2-5	可视化方案比选	审批	指导	实施	
2-6	立面推敲				
3	初步设计阶段				
3-1	BIM模型搭建	审批	实施	实施	
3-2	模型更新	审批	实施	实施	
3-3	碰撞检查	审批	参与辅助	实施	
3-4	工程量提取	审批		实施	
3-5	净高优化	审批	参与辅助	实施	
3-6	模拟漫游	审批	参与辅助	实施	
4	施工图设计阶段				
4-1	模型更新	审批	实施	实施	
4-2	辅助出图	审批	参与辅助	实施	
4-3	碰撞检查			实施	
4-4	净高优化	审批	参与辅助	实施	
4-5	模拟漫游	审批	参与辅助	实施	
5	施工阶段				
5-1	机电管线综合	审批	参与辅助	实施	指导
5-2	装配式拆分	审批	指导	实施	指导
5-3	预制构件深化建模	审批	指导	实施	
5-4	预制构件碰撞检查	审批	指导	实施	
5-5	BIM模型指导构件生产	审批	指导	实施	指导
5-6	预制构件安装模拟	审批	参与辅助	实施	指导
5-7	工程量统计	审批	参与辅助	实施	

图 3-66　梳理工作内容

设计阶段

序号	应用点	应用价值
1	设计阶段应用	
1.1	方案设计阶段的BIM技术应用	有助于可行性分析； 有助于政府审批沟通； 有助于提高设计质量； 有助于各参建方参与设计； 有助于方案决策
(1)	规划或方案模型建立	
(2)	场地分析和土方平衡分析	
(3)	建筑性能模拟分析	
(4)	设计方案比选	
(5)	虚拟仿真漫游	
(6)	人流、车流、物流模拟	
(7)	各项建筑经济指标分析	
(8)	特殊设施及场所模拟分析	
1.2	初步设计阶段的BIM技术应用	有助于减少设计错误； 有助于提高设计质量； 有助于业主内部沟通； 有助于确定造价预算； 有助于减少设计变更
(1)	建筑、结构及机电等专业模型建立	
(2)	建筑、结构专业的平面、立面、剖面检查	
(3)	三维设计下的设计优化及推敲	
(4)	面积明细表及统计分析	
(5)	图纸提取	
(6)	建筑设备选型	
(7)	空间布局分析	
(8)	重点区域净高分析	
(9)	造价控制与价值工程分析	
1.3	施工图设计阶段的BIM技术应用	有助于减少设计错误； 有助于提高设计质量； 有助于提高设计效率； 有助于业主内部沟通； 有助于确定造价预算； 有助于减少设计变更
(1)	建筑、结构、机电等专业模型建立	
(2)	冲突检测及机电管线综合	
(3)	三维仿真及优化	
(4)	竖向净空分析	
(5)	辅助施工图设计，复杂图纸BIM模型提取	
(6)	造价控制与价值工程分析	
(7)	精装修设计	
(8)	装配式拆分及深化设计	

施工阶段

序号	应用点	应用价值
1	施工准备及施工阶段应用	
1.1	施工准备阶段的BIM技术应用	有助于提高施工方案合理性； 有助于现场的精细化管理； 有助于加强发包及合同价控制
(1)	施工场地规划	
(2)	施工深化设计辅助及管线综合	
(3)	施工方案模拟、比选及优化	
(4)	施工构件深化设计、吊装模拟	
(5)	工程算量	
(6)	发包与采购管理辅助	
1.2	施工阶段的BIM技术应用	有助于现场的精细化管理； 有助于科学合理地加快进度； 有助于造价控制； 有助于质量和安全管理； 有助于工程创优
(1)	4D施工模拟及辅助进度管理	
(2)	工程量计算及5D造价控制辅助	
(3)	设备管理辅助	
(4)	材料管理辅助	
(5)	设计变更跟踪管理	
(6)	质量管理跟踪	
(7)	安全管理跟踪	
(8)	竣工BIM技术模型建立	

运维阶段

序号	应用点	应用价值
1	运营阶段应用	有助于提升运维水平； 有助于提升运维智能化； 有助于应对各种变化需求
1.1	运维策划及运维模型建立或更新	
(1)	运维应用方案策划	
(2)	模型运维转换、运维模型建立或更新	
1.2	运营阶段具体应用点	
(1)	空间分析及管理	
(2)	设备运行监控	
(3)	能耗分析及管理	
(4)	设备设施运维管理	
(5)	BAS或其他系统的智能化集成	
(6)	人员培训	
(7)	资产管理	
(8)	应急管理	
1.3	基于BIM技术的运维系统应用	
(1)	基于BIM技术的运维系统应用	

图 3-67　明确项目应用点

3.6.2.5　全过程管理

代表业主的立场，对项目从初期策划决策到项目运维使用的项目建设全流程的一种管理模式。可理解为全过程咨询和代建制的结合。

传统的项目全过程管理模式，基于二维的数据传递，设计成果不精细，传递过程有丢失，专业协同不完整。通过 BIM 对项目建设全过程进行专业数据集成，数据迭代，实现项目数据完整性、专业数据协调性、数据传递一致性。以终为始的理念对过程数据进行精细化设计、精确性模拟分析。结合施工过程数据的模型更新，形成可指导项目运营的完整数据模型。全过程管理如图 3-68 所示。

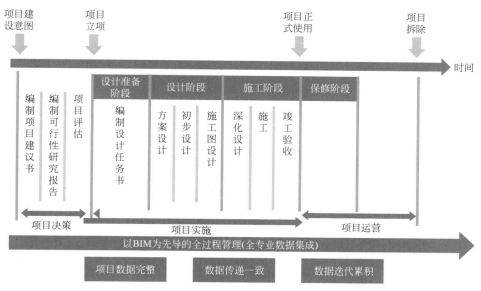

图 3-68 全过程管理

3.6.2.6 全过程 BIM 实施流程

项目工期紧，预算控制严格，对整个工程建设提出了更高的要求。在该项目全生命周期建设中贯穿使用 BIM 技术，制订合理化的 BIM 实施流程，可更好地开展该工程的项目管理，达到项目设定的安全、质量、工期、投资等各项管理目标，以数字化、信息化和可视化的方式提升项目的建设水平，做到精细化管理，从而缩短工期，节约项目成本。全过程 BIM 实施流程如图 3-69 所示。

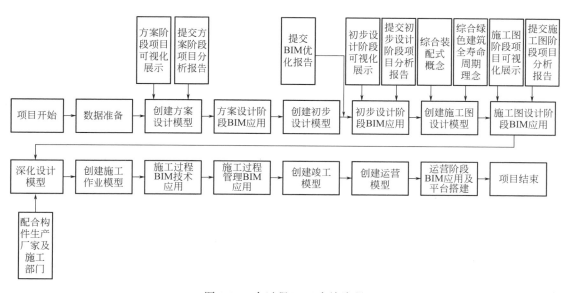

图 3-69 全过程 BIM 实施流程

3.7　建筑师负责制应用

建筑师负责制应用框图如图 3-70 所示。

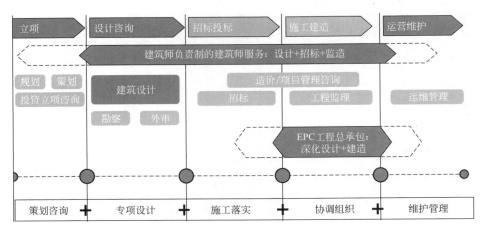

图 3-70　建筑师负责制应用

3.7.1　建筑师负责制与工程总承包相结合

通过梳理、调研建筑师在建筑行业中的项目前期策划、设计阶段、施工阶段、运营维护、后评估阶段的工作内容与工作方式，创新推行了建筑师负责制项目管理体系，探索建筑师负责制与工程总承包相结合的建设项目管理方式，并在项目各阶段推进建筑师负责制的试点工作，结合装配式建筑、BIM 等新技术推广运用，最终实现控制项目成本、控制施工质量、提高建筑品质的目标。

本着从一切以人为本的观点出发，遵循节能环保的基本发展理念，该项目由建筑师团队负责针对建筑自身的建设情况进行综合分析，建筑师从前期策划设计阶段、采购施工阶段、运维评估阶段系统而全面地对建筑工程项目进行绿色建筑实践指导，运用 BIM 技术，结合建筑装配式建造、海绵城市和园林景观建设、智慧建筑运营管理，更好地提升项目的经济效益、社会效益、环境效益，实现对绿色智能建筑合理建设。

3.7.2　建筑师负责制实施情况

3.7.2.1　创新的建筑师负责制团队建设

本工程的建筑师负责制是以担任总部大厦设计总负责人的注册建筑师（周湘华院长）为主导的设计咨询团队，依托所在湖南省建筑科学研究院有限责任公司（以下简称建科院）为实施主体，依据合同约定，开展设计咨询及管理服务，提供符合建设单位使用要求和社会公共利益的建筑产品和服务的一种工作模式。

建筑师（周湘华院长）为设计咨询团队的总负责人，由建科院推荐，接受建设单位委托，代表建设单位对项目建设全过程及建筑产品的总体质量和品质进行全程监督。

根据该项目要求，建筑师团队包含建筑、结构、机电、园林、装饰等专业设计团队，工程建设的项目管理团队；团队的构成采用建科院总包加专业分包模式，团队成员由建筑师自行选聘。建立专业一体化的运作团队满足规范及法规相关要求以及项目合同要求。团队组织方式如图 3-71 所示。

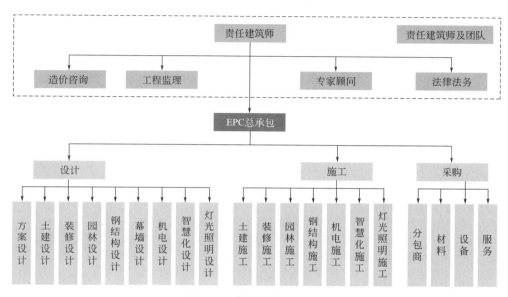

图 3-71　建筑师团队组织图

3.7.2.2　建筑师团队与建设单位深度融合

1. 项目前期阶段

建设单位报批报建、设计、施工、造价管理方面的人员配置不足，派驻报批报建、设计、施工、造价方面的同事跟建设单位对口负责人一起办公、一起处理相关工作，在保持与建设单位充分沟通的基础上，互相尊重、互相信任，少走很多弯路，保证项目报批报建、设计、施工的同步推进，有效控制项目成本。

同时提供更全面细致的工程设计，项目的责任建筑师总牵头工程所需的全面设计，领导、组织、管理和协调所有专业工程师、设计师和艺术家为工程提供所需的专项设计。提供方案设计、初步设计、施工图设计和施工现场技术配合等服务。

项目建设开始就制订项目立项到办理施工许可证阶段的进度计划（项目计划表），根据进度计划推进各项工作（施工计划表），并将对照检查情况进行通报，后续又针对装饰、幕墙、亮化、智能化等专项设计制订专门的进度计划。

2. 前期部分成果

前期部分成果如图 3-72 所示。

3. 施工图阶段

湖南省建科院主要领导先后组织召开四次"省建科院创意设计总部大厦项目指挥部会

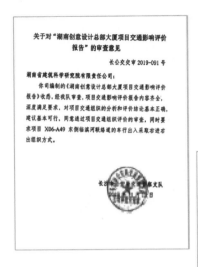

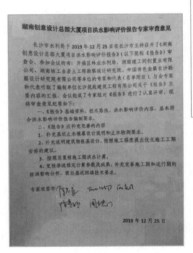

图 3-72　前期部分成果

议"。以工作程序把控大厦的深化设计，研究深化设计的流程和控制标准，以标准和流程控制试点本工程的质量、进度、成本。提升湖南创意总部大厦示范效果。综合协调幕墙、装饰、智能化、风景园林、照明等各类专项设计。

4. 施工建造阶段

建筑师负责的施工图设计重点解决建筑使用功能、品质价值与投资控制。准确控制施工节点大样详图，促进建筑设计精细化。项目前期策划工作内容：研究湖南创意设计总部大厦项目前期策划的重点、难点和关键要素。以前期策划和预评价系统统领全项目的使用要求，人文关怀，社会形象以及合理支出。客观地分析了市场环境，自然条件，以及人文需求，从交通影响评价到洪水影响评价到施工期防洪预案做了充分的分析论证。

计划实施情况如图 3-73 所示。

序号	阶别	开发阶段	业务线	业务线	完成标准	前置条件/说明	开始	周期	完成
						执行计划			
1	1	取地阶段	投资	摘牌	签订《项目土地成交确认书》		2019.8.13	10d	2019.8.23
2	2	启动会阶段	投资	交地	实现项目交地		2019.8.23	30d	2019.9.23
3	1	启动会阶段	报建	取得《国有土地使用证》	取得《项目国有土地使用权》		2019.8.23	60d	2019.10.23
4	2	方案设计挑段	成本	临时水、电、土方工程施工合同	签订《项目临时水、电、土方工程施工合同》		2019.8.23	20d	2019.09.12
5	2	方案设计挑段	设计	方案设计比选	取得政府规划部门用图批复	策划需要明确启动定位	2019.9.01	50d	2019.10.20
6	1	初步设计阶段	报建	取得《建设用地规划许可证》	取得《项目建设用地规划许可证》		2019.10.21	10d	1.30
7	2	初步设计阶段	成本	确定监理单位	签订《项目监理合同》		2019.10.16	60d	2019.12.15
8	1	初步设计阶段	设计	初步设计	《项目初步设计》移公司评审通过		2019.10.10	15d	2019.10.25
9	2	初步设计阶段	营销	项目整体招商方案确定	《项目整体营销方案》：项目招商方案、推广媒体资源、费动策划方案等到位并获得公司通过		2019.12.30	60d	2020.02.30
10	2	初步设计阶段	工程	基坑土方开挖、基坑支护、降水	基坑基坑支护完成并通过初验、降水施工完成		2019.9.5	60d	2019.11.30
11	2	初步设计阶段	成本	项目目标成本《初设版》	《项目成本（初设版）》送成本部部门内部审核		2019.10.20	21d	2019.11.10
12		施工图设计阶段	报建	取得《建设工程规划许可证》	取得《项目建设工程规划许可证》		2019.11.1		2019.11.20
13	2	施工图设计阶段	设计	施工图设计	完成《项目施工图》图纸	装修设计同步启动	2019.09.30	30d	2019.10.30
14	1	施工图设计阶段	成本	总包单位确定	完成总包单位公开招投标、发出《项目总包单位中标通知书》		2019.9.15	90d	2019.12.15
15	2	施工图设计阶段	成本	桩基检测施工合同签订	签订《项目桩基施工合同》		2019.09.22		2019.10.22
16	1	施工图设计阶段	报建	完成施工审查	取得《项目施工审查报告》	网上申报成熟	2019.11.10		2019.12.20
17	2	施工图设计阶段	营销	招商代理公司招标	签订《项目招商代理合同》	营销方案确定	2019.10.1		2019.12.1
18	2	施工图设计阶段	营销	广告代理公司招标	签订《项目广告代理合同》	营销方案确定	2019.11.1	29d	1.30
19	2	施工阶段	工程	桩基施工	项目基础工程施工完成		2019.11.1	46d	2019.12.30
20	2	施工阶段	工程	检基检测及验收	验空《项目桩基检测报告》并验收通过		2019.12.1		2019.12.30
21	2	施工阶段	成本	目标成本《施工图版》	《项目目标成本（施工图）》移公司评审通过		2019.11.1	60d	2019.12.30
22	1	施工阶段	报建	取得《建筑施工许可证》	取得《项目建筑施工许可证》		2019.12.21		2019.12.30
23	2	施工阶段	营销	项目招商营销策略品牌	《项目招商营销策略总纲》经公司评审通过	确定招商代理公司及广告代理公司	2019.12.20	10d	2020.12.30
24	2	施工阶段	营销	项目推广案名LOGO确定注册	项目案名经公司评审通过	确定广告公司及广告推广策略	2020.01.10	10d	2020.02.20

图 3-73 计划实施情况

3.7.2.3 计划先行

前瞻性地规划设计和多渠道的策划咨询：统筹分析规划用地，开发强度等工作，根据业主初步要求、投资预算、买地规划条款，估计项目可行的开发规模，协助业主研究和制定项目开展的工作，确定开发方案、服务内容和方式范围等工作。建筑策划阶段：2019年8月～2020年1月组织了省内4家大的策划顾问公司进行了前期策划招标，确定世联行华南顾问中标后继续完善前期策划，策划成果对该项目后期的绿色建筑、智慧建筑、BIM技术应用及装配式建筑都起到了前瞻性的指导。建筑师针对策划定位还拟定了设计事前指导书（设计统一技术措施）。

3.7.2.4 工作协同

工作协同主要是根据计划落实工作的过程中，主动反馈情况、及时纠偏，通过日报、周报、月报的周期性反馈，保证信息的上传下达，反映决策落实情况。计划外的事情，通过制定工作销项清单，系统、有序地解决项目实施过程中临时交办问题和突发问题。

3.7.2.5 管理明确

深度参与施工驻场管理，对总承包商、分包商、供应商和其他咨询机构履行监督职责，通过检查、签证、验收、指令、确认等方式，对施工进度、质量、成本进行总体指导、优化和协调。

项目部根据规范要求，精选管理人员及班组，配置相应管理人员，健全安全、质量保证体系，各岗位管理人员进行职能分配、明确职责、健全制度，在工程施工过程中，严格按公司质量、环境安全管理体系进行工作，形成以安全、质量管理为中心，采用先进的管理手段，实现安全、质量的管理目标及对业主的承诺。出台了一系列制度：《建筑师负责制的项目工作制度》《项目驻场工作制度》《湖南创意设计总部大厦项目材料认质认价机制》《项目部责任目标任务书》。

3.7.2.6 信息化建设

由集团 BIM 中心牵头建立 BIM 工作站，由设计单位、生产单位、施工单位成立相应的 BIM 中心，管理土建、机电、钢构、幕墙、精装修等各分包单位，应用 BIM 技术提高深化设计的质量和效率，协调项目各方信息的整合，提高项目信息传递的有效性和准确性，提高施工质量，减少图纸中错漏碰缺的发生，使设计图纸切实符合施工现场操作的要求，并能进一步辅助施工管理，达到管理升级、降本增效、节约时间的目的。

3.7.2.7 后评估阶段评估方法及成果应用

该工程完成后，以实际的使用情况和效果验证前期策划的预评价系统，梳理质量、使用、品质等方面的优势和缺陷，分析其原因，或整改或调整提出优化建议反馈到建筑师负责的工作模式中，改善提高迭代出更完善的服务管理体制。

3.7.2.8 示范实施成效

进度快：克服了新冠肺炎疫情和雨季汛期等不良影响因素，A 栋平均 9 天/层；B 栋平均 8 天/层；C 栋平均 5 天/层。

技术高：PC、钢结构、木结构三种结构形式装配式体系；地下室轮廓线贴近用地红线；大量的管线需要穿过市政道路。

质量好：已立项住房和城乡建设部科技示范项目（绿色建造），确保"芙蓉奖"，争创鲁班奖和詹天佑奖。

效果佳：举办多次技术交流会，专家现场调研，同行一致好评，多方媒体报道，经济、社会效益显著。

3.8 绿色建筑设计流程

绿色建筑设计流程如图 3-74 所示。

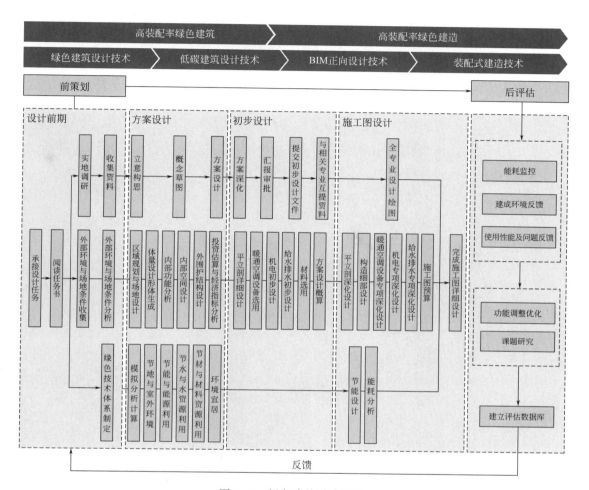

图 3-74 绿色建筑设计流程

第四章 绿色建造

湖南创意设计总部大厦于 2019 年 10 月开工，到 2021 年 12 月竣工验收，具体节点详见表 4-1。

施工进度计划　　　　　　　　　　　　　　表 4-1

标识号	任务名称	开始时间	完成时间	标识号	任务名称	开始时间	完成时间
1	整体施工	2019 年 10 月	2021 年 12 月	10	景观、绿化	2021 年 2 月	2021 年 4 月
2	地下室结构	2020 年 3 月	2020 年 4 月	11	室外工程	2021 年 2 月	2021 年 5 月
3	主体结构	2020 年 6 月	2020 年 9 月	12	A 栋硬质铺装	2021 年 2 月	2021 年 4 月末
4	ALC 板安装	2020 年 6 月	2020 年 9 月	13	A 栋垂直绿化	2021 年 4 月	2021 年 4 月末
5	幕墙安装	2020 年 6 月	2020 年 11 月	14	B 栋硬质铺装	2021 年 2 月	2021 年 4 月末
6	室内装修	2020 年 7 月	2020 年 12 月	15	B 栋垂直绿化	2021 年 4 月初	2021 年 4 月末
7	屋面工程	2020 年 8 月	2020 年 10 月	16	C 栋硬质铺装	2021 年 2 月	2021 年 4 月末
8	水电、暖通安装工程	2020 年 6 月	2020 年 12 月	17	C 栋垂直绿化	2021 年 3 月	2021 年 4 月末
9	电梯安装验收	2020 年 8 月	2020 年 11 月	18	地下室工程室内装修	2021 年 2 月	2021 年 6 月

4.1　装配式建造

4.1.1　设计情况

设计情况如图 4-1 所示。

4.1.1.1　建筑专业

1. A 栋概况

A 栋地下 2 层，地上 16 层，地上标准层层高为 3.6m，每层设置 3 台电梯和 2 部疏散

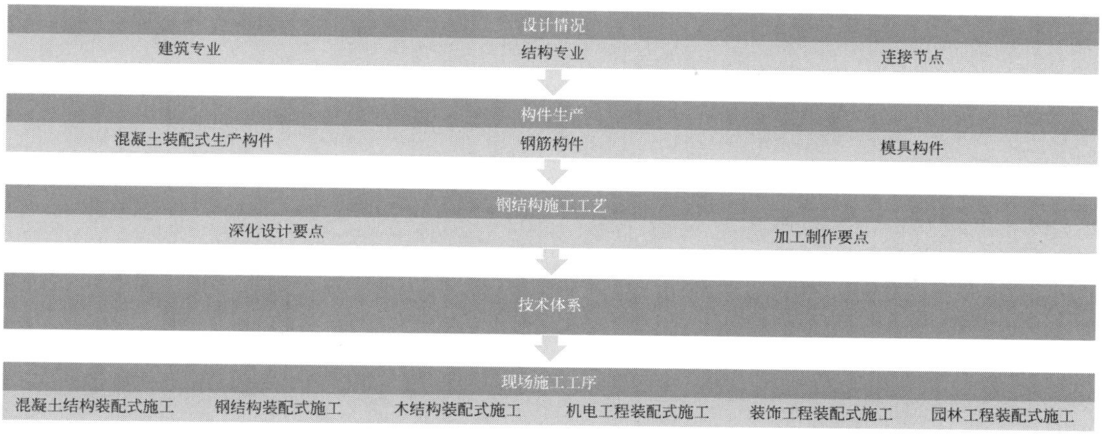

图 4-1 设计情况

楼梯，主要功能为酒店客房，标准层面积为 778m²，项目已竣工验收。

A 栋预制范围为叠合梁、叠合板、预制柱、ALC 墙板、单元式玻璃幕墙、预制楼梯、共轴承插型一体化卫生间、层叠式管道井电梯井、预制设备基础等。

装配式方案 A 的装配率为 77.5%，见表 4-2。

装配式方案 A 的装配率为 77.5%　　　　　　　　　　表 4-2

序号	预制构件名称	总层数	预制层数	预制构件应用比例	备注
1	预制柱	16 层	三～十六层	65.8%	一～二层现浇
2	预制叠合楼板（走廊、含合用前室）	16 层	二～十六层	77.8%	屋面板、梁现浇
3	预制卫生间沉箱	16 层	三～十六层		
4	预制楼梯	16 层	三～十六层		
5	预制叠合梁	16 层	三～十六层		
6	非承重围护墙非砌筑（玻璃幕墙）	16 层	一～十六层	100%	
7	内隔墙非砌筑（100mm 聚苯颗粒夹芯轻质条板，后期装修于轻质条板两侧增设 50mm 保温棉）	16 层	一～十六层	≥50%	

标准层沉箱、楼梯布置如图 4-2 所示。

二～十六层叠合板布置如图 4-3 所示，标准层叠合梁和预制柱布置如图 4-4 和图 4-5 所示。

2. B 栋概况

B 栋地下 2 层，地上 22 层，地上标准层层高为 4.5m，每层设置 6 台电梯和 2 部疏散楼梯，主要功能为办公，标准层面积为 1258m²，项目已竣工验收。

B 栋预制范围为钢柱、钢梁、预制楼梯、钢筋桁架楼承板、ALC 板、单元式玻璃幕墙。

装配式方案 B 的装配率为 76%，见表 4-3。

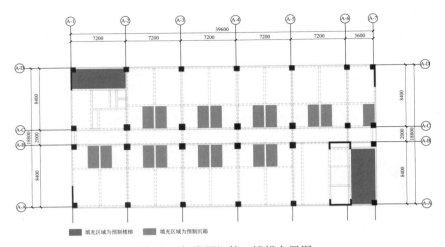

图 4-2 标准层沉箱、楼梯布置图

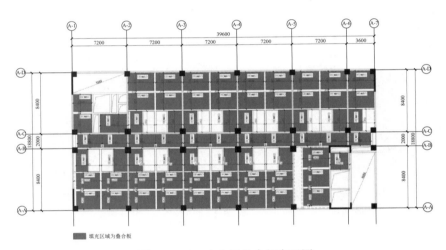

图 4-3 二~十六层叠合板布置图

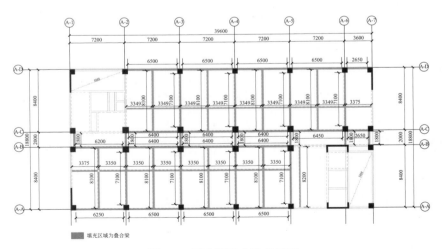

图 4-4 标准层叠合梁布置图

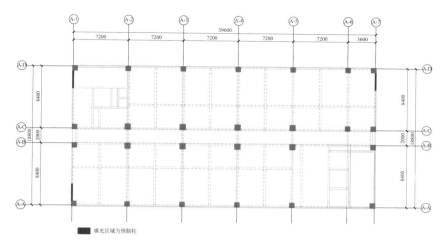

图 4-5　标准层预制柱布置图

装配式方案 B 的装配率为 76%　　　　　　　　　　　　　　表 4-3

构件类别	构件类型	预制范围	构件总数
楼板	钢筋桁架楼承板	B 栋一～二十三层	4062
梁	H 形型钢梁	B 栋一～二十三层	6526
柱	箱形型钢柱	B 栋一～二十三层	446
楼梯	预制 PC 梯段	B 栋一～二十三层	88

标准层钢柱和钢梁布置如图 4-6 和图 4-7 所示。

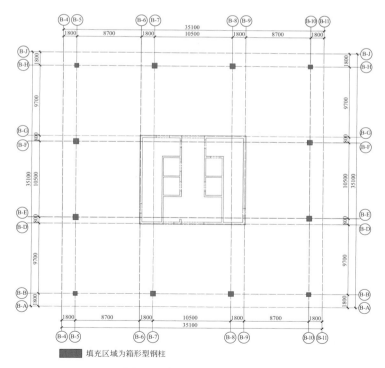

图 4-6　标准层钢柱布置图

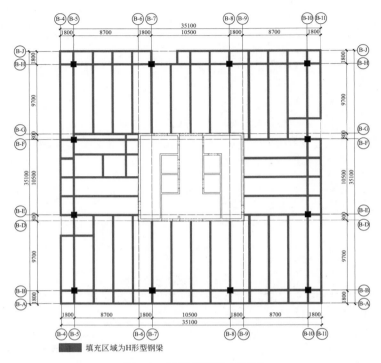

图 4-7　标准层钢梁布置图

标准层钢筋桁架楼承板配筋如图 4-8 所示。

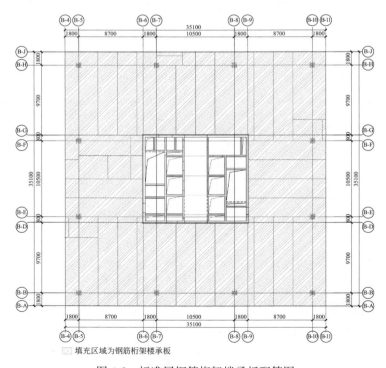

图 4-8　标准层钢筋桁架楼承板配筋图

标准层内隔墙布置如图 4-9 所示。

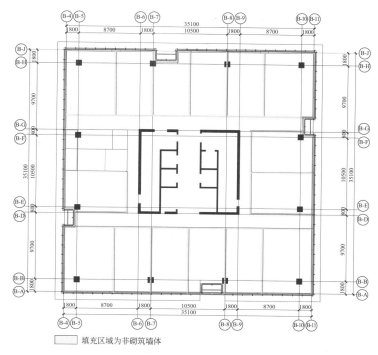

图 4-9　标准层内隔墙布置图

3. C 栋概况

C 栋地下 2 层，地上 21 层，地上标准层层高为 4.5m，每层设置 6 台电梯和 2 部疏散楼梯，主要功能为办公，标准层面积为 1100m²，项目已竣工验收。

C 栋预制范围为钢柱、钢梁、钢楼梯、钢筋桁架楼承板、ALC 墙板、单元式玻璃幕墙。

装配式方案 C 的装配率为 84%，见表 4-4。

<table>
<tr><td colspan="4">装配式方案 C 的装配率为 84%</td><td>表 4-4</td></tr>
<tr><th>构件类别</th><th>构件类型</th><th>预制范围</th><th colspan="2">构件总数</th></tr>
<tr><td>楼板</td><td>钢筋桁架楼承板</td><td>C 栋一～二十一层</td><td colspan="2">4400</td></tr>
<tr><td>梁</td><td>H 形型钢梁</td><td>C 栋一～二十一层</td><td colspan="2">7178</td></tr>
<tr><td>柱</td><td>箱形型钢柱</td><td>C 栋一～二十一层</td><td colspan="2">490</td></tr>
<tr><td>楼梯</td><td>预制 PC 梯段</td><td>C 栋一～二十一层</td><td colspan="2">84</td></tr>
</table>

混凝土核心筒结构体系部分，采用 YJK 进行整体结构设计，由预制构件生产工厂进行深化设计，BIM 团队根据深化设计图纸搭建预制构件 BIM 模型并进行预制构件预拼装检查，以保证后期预制构件安装顺利进行。预制构件 BIM 模型如图 4-10 所示。

叠合板端支座节点和叠合板整体式拼缝如图 4-11 和图 4-12 所示。

梁柱端支座节点和叠合板中间支座节点如图 4-13 和图 4-14 所示。

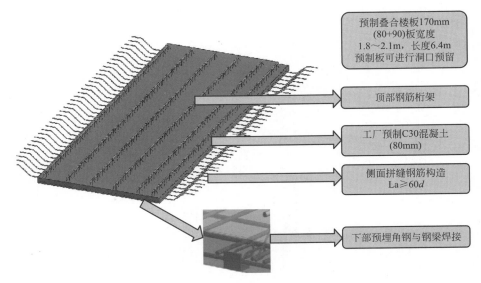

预制叠合楼板170mm
(80+90)板宽度
1.8～2.1m，长度6.4m
预制板可进行洞口预留

顶部钢筋桁架

工厂预制C30混凝土
(80mm)

侧面拼缝钢筋构造
La≥60d

下部预埋角钢与钢梁焊接

图 4-10 预制构件 BIM 模型

图 4-11 叠合板端支座节点

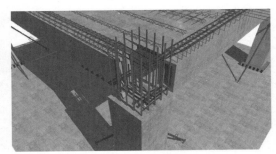

图 4-12 叠合板整体式拼缝

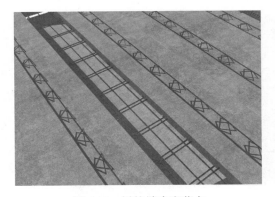

图 4-13 梁柱端支座节点

图 4-14 叠合板中间支座节点

4. BIM 技术应用

装配式 BIM 设计。

结构模型如图 4-15 所示。

T 形梁柱、十字形梁柱、L 形梁柱分别如图 4-16～图 4-18 所示。

楼梯间次梁与主梁连接如图 4-19 所示。

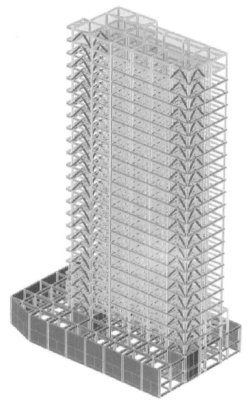

图 4-15　结构模型

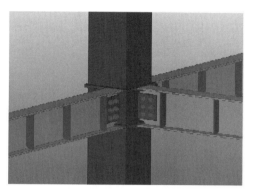

图 4-16　T 形梁柱连接

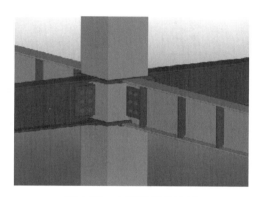

图 4-17　十字形梁柱连接

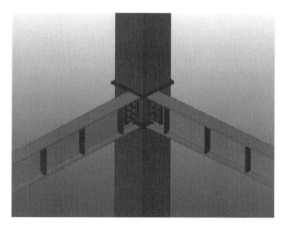

图 4-18　L 形梁柱连接

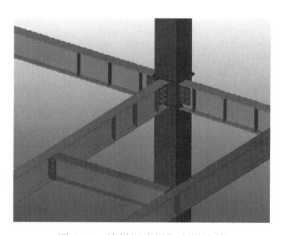

图 4-19　楼梯间次梁与主梁连接

钢筋桁架楼承板节点展示如图 4-20 所示。

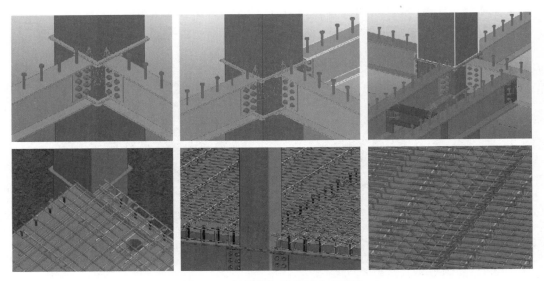

图 4-20　钢筋桁架楼承板节点展示

4.1.1.2　结构专业

该工程设计使用年限为 50 年，建筑结构安全等级为二级，丙类建筑，抗震设防烈度为 6 度（0.05g），场地类别为 Ⅱ 类，地震分组为第一组，50 年一遇基本风压力为 0.35kN/m²，地面粗糙度为 C 类，其中 A 栋采用装配整体式框架剪力墙结构，框架抗震等级为三级，剪力墙抗震等级为三级。B 栋采用钢管混凝土框架钢筋混凝土核心筒结构，钢筋混凝土核心筒二级，钢管混凝土柱三级，纯钢构件四级。C 栋采用钢框架中心支撑结构，抗震等级为四级。基础均为旋挖钻孔灌注桩。

A 栋至 C 栋装配率得分见表 4-5～表 4-7。

A 栋装配率得分　　　　　　　　　　　　表 4-5

评价项			评价要求	评价分值	得分值
主体结构 Q1	柱、墙等竖向构件	A. 采用预制构件	35%≤比例≤80%	15～25	22.4
		B. 采用高精度模板或免拆模板施工工艺	85%≤比例	5	0
	梁、板等水平构件	采用预制构件	70%≤比例≤80%	10～20*	20
围护墙和内隔墙 Q2	非承重围护墙非砌筑		比例≥80%	5	5
	外围护墙体集成化	A. 围护墙与保温、隔热、装饰一体化	50%≤比例≤80%	2～5*	5
		B. 围护墙与保温、隔热、窗框一体化	50%≤比例≤80%	1.4～3.5*	0
	内隔墙非砌筑		比例≥50%	5	5
	内隔墙体集成化	A. 内隔墙与管线、装修一体化	50%≤比例≤80%	2～5*	0
		B. 内隔墙与管线一体化	50%≤比例≤80%	1.4～3.5*	0

续表

评价项		评价要求	评价分值	得分值
装修和设备管线 Q3	全装修	—	6	6
	干式工法的楼面、地面	比例≥70%	4	0
	集成厨房	70%≤比例≤90%	3～5*	缺项
	集成卫生间	70%≤比例≤90%	3～5*	0
	管线分离	50%≤比例≤70%	3～5*	0
绿色建筑 Q4	绿色建筑基本要求	满足绿色建筑审查基本要求	4	4
	绿色建筑评价标识	一星≤星级≤三星	2～6	4
加分项 Q5	BIM 技术应用	设计	1	1
		生产	1	1
		施工	1	1
	采用 EPC 模式	—	2	2
总分	Q1+Q2+Q3+Q4+Q5			76.4
装配率				80%

注：表中带"＊"项的分值采用"内插法"计算，计算结果取小数点后 1 位。

B 栋装配率得分　　　　　　　　　　　　表 4-6

评价项			评价要求	评价分值	得分值
主体结构 Q1	柱、墙等竖向构件	A. 采用预制构件	35%≤比例≤80%	15～25	15
		B. 采用高精度模板或免拆模板施工工艺	85%≤比例	5	0
	梁、板等水平构件	采用预制构件	70%≤比例≤80%	10～20*	20
围护墙和内隔墙 Q2		非承重围护墙非砌筑	比例≥80%	5	5
	外围护墙体集成化	A. 围护墙与保温、隔热、装饰一体化	50%≤比例≤80%	2～5*	5
		B. 围护墙与保温、隔热、窗框一体化	50%≤比例≤80%	1.4～3.5*	0
		内隔墙非砌筑	比例≥50%	5	5
	内隔墙体集成化	A. 内隔墙与管线、装修一体化	50%≤比例≤80%	2～5*	0
		B. 内隔墙与管线一体化	50%≤比例≤80%	1.4～3.5*	0
装修和设备管线 Q3		全装修	—	6	6
		干式工法的楼面、地面	比例≥70%	4	0
		集成厨房	70%≤比例≤90%	3～5*	缺项
		集成卫生间	70%≤比例≤90%	3～5*	0
		管线分离	50%≤比例≤70%	3～5*	5
绿色建筑 Q4		绿色建筑基本要求	满足绿色建筑审查基本要求	4	4
		绿色建筑评价标识	一星≤星级≤三星	2～6	4

续表

评价项			评价要求	评价分值	得分值
加分项 Q5	BIM 技术应用		设计	1	1
			生产	1	1
			施工	1	1
	采用 EPC 模式		—	2	2
总分	Q1＋Q2＋Q3＋Q4＋Q5				74
装配率					78%

注：表中带"＊"项的分值采用"内插法"计算，计算结果取小数点后 1 位。

C 栋装配率得分 表 4-7

评价项			评价要求	评价分值	得分值
主体结构 Q1	柱、墙等竖向构件	A. 采用预制构件	35%≤比例≤80%	15～25	25
		B. 采用高精度模板或免拆模板施工工艺	85%≤比例	5	0
	梁、板等水平构件	采用预制构件	70%≤比例≤80%	10～20＊	20
围护墙和 内隔墙 Q2	非承重围护墙非砌筑		比例≥80%	5	5
	外围护墙体集成化	A. 围护墙与保温、隔热、装饰一体化	50%≤比例≤80%	2～5＊	5
		B. 围护墙与保温、隔热、窗框一体化	50%≤比例≤80%	1.4～3.5＊	0
	内隔墙非砌筑		比例≥50%	5	5
	内隔墙体集成化	A. 内隔墙与管线、装修一体化	50%≤比例≤80%	2～5＊	0
		B. 内隔墙与管线一体化	50%≤比例≤80%	1.4～3.5＊	0
装修和设备 管线 Q3	全装修		—	6	6
	干式工法的楼面、地面		比例≥70%	4	0
	集成厨房		70%≤比例≤90%	3～5＊	0
	集成卫生间		70%≤比例≤90%	3～5＊	0
	管线分离		50%≤比例≤70%	3～5＊	5
绿色建筑 Q4	绿色建筑基本要求		满足绿色建筑审查基本要求	4	4
	绿色建筑评价标识		一星≤星级≤三星	2～6	6
加分项 Q5	BIM 技术应用		设计	1	1
			生产	1	1
			施工	1	1
	采用 EPC 模式		—	2	2
总分	Q1＋Q2＋Q3＋Q4＋Q5				86
装配率					86%

注：表中带"＊"项的分值采用"内插法"计算，计算结果取小数点后 1 位。

4.1.1.3 各栋连接节点

A栋为混凝土装配式，重点连接部位为梁板节点、梁柱节点、主次梁节点、叠合板整体式接缝节点等，如图4-21～图4-24所示。

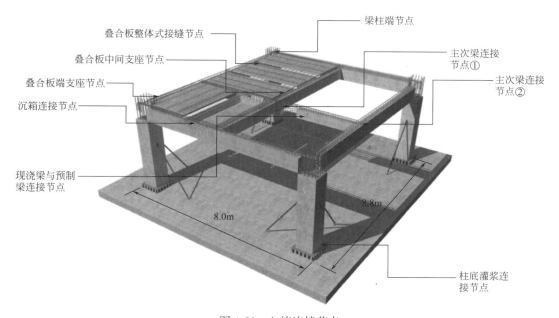

图 4-21　A栋连接节点

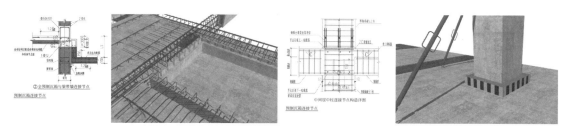

图 4-22　预制沉箱连接节点

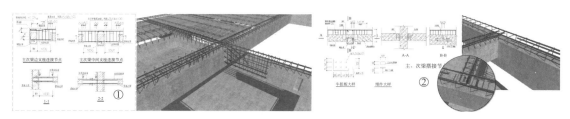

图 4-23　主次梁搭接节点

B、C栋比较类似，重点为钢结构装配式，重点连接部位为梁板节点、箱形型钢柱柱底连接节点、箱形型钢柱工地拼装连接节点、梁柱节点、主次梁节点、叠合板整体式接缝节点等，如图4-25～图4-30所示。

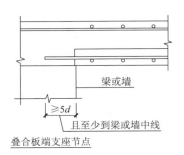

梁或墙

≥5d

且至少到梁或墙中线

叠合板端支座节点

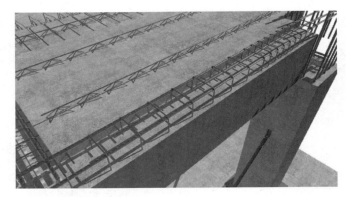

图 4-24　叠合板端支座节点

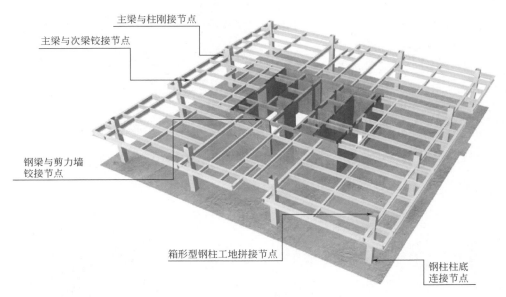

主梁与柱刚接节点

主梁与次梁铰接节点

钢梁与剪力墙
铰接节点

箱形型钢柱工地拼接节点

钢柱柱底
连接节点

图 4-25　B 栋连接节点

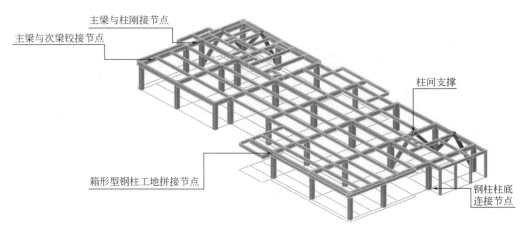

主梁与柱刚接节点

主梁与次梁铰接节点

柱间支撑

箱形型钢柱工地拼接节点

钢柱柱底
连接节点

图 4-26　C 栋连接节点

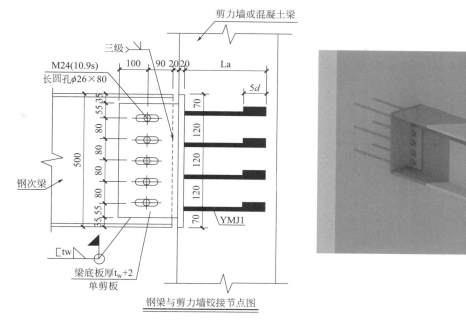

图 4-27 钢梁及剪力墙铰接节点

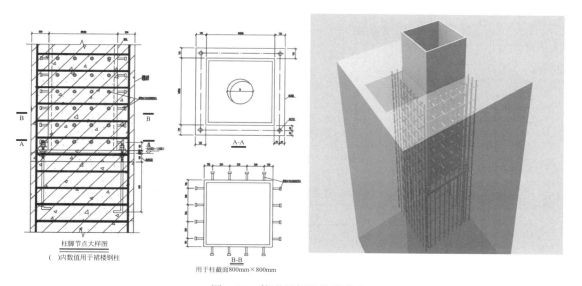

图 4-28 箱形型钢柱柱脚节点

4.1.2 构件生产

4.1.2.1 混凝土装配式生产构件

混凝土装配式生产构件的生产流程如下：

（1）预制叠合板使用 1 号流水线生产，楼梯在固定模台线上生产。叠合板生产流程如图 4-31 所示。

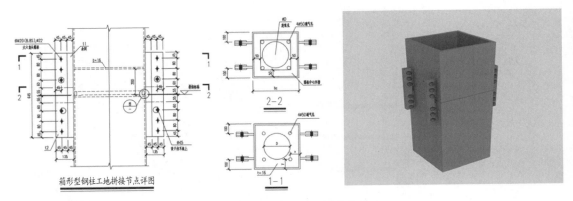

图 4-29 箱形型钢柱工地拼接节点

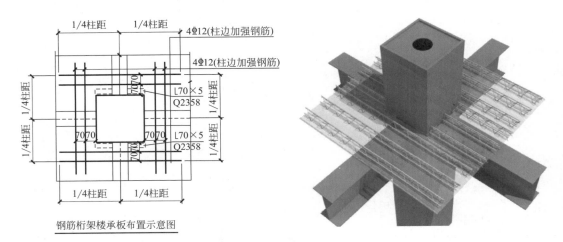

图 4-30 钢筋桁架楼承板布置示意

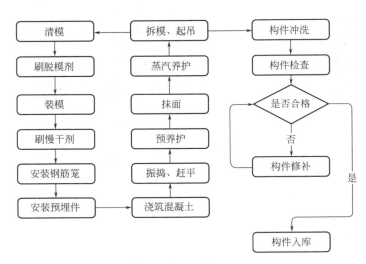

图 4-31 叠合板生产流程图

（2）其他异形构件生产流程如图 4-32 所示。

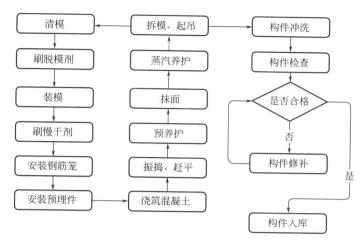

图 4-32 其他异型构件生产流程图

（3）楼梯生产流程如图 4-33 所示。

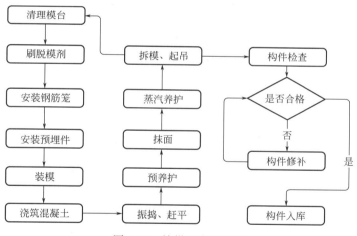

图 4-33 楼梯生产流程图

4.1.2.2 钢筋构件

1. 钢筋下料加工

钢材进厂必须进行复试检查，合格后根据施工图纸进行加工。

剪切后的半成品料要按照型号整齐地摆放到指定位置。

钢筋半成品及埋件制作完成后要检查，合格后填写钢筋半成品质量检验记录表报质检员进行检验。

质检员检查，每一工作班组检验次数不少于一次，每次以同一工序同一类型的钢筋半成品或预埋件为一批，每批随机抽件数量不少于三件。

2. 钢筋骨架制作

绑扎钢筋骨架前应仔细核对钢筋料尺寸。

绑扎钢筋骨架时使用正确的钢筋胎膜，且保证所有外露钢筋长度。

绑扎或焊接成型的钢筋骨架应牢固、无变形。钢筋骨架缺扣或松扣的总数量不超过绑扣总数的20％，且不应有相邻两点缺扣或松扣。焊接骨架缺焊、开焊的总数量不超过焊点总数的4％，且不应有相邻两点漏焊或开焊。

制作完成的钢筋骨架严禁私自再次剪切，割断。

钢筋骨架应在指定区域加工，绑扎的钢筋骨架要摆放整齐，保证半成品料在钢筋绑扎区域整齐摆放。

不同型号钢筋骨架严禁混放，同型号钢筋骨架摆放最多两层，且两层之间需垫木方。

3. 钢筋网和钢筋骨架尺寸允许偏差

质检员应对钢筋网和钢筋骨架尺寸及绑扎进行检查，钢筋网和钢筋骨架尺寸偏差严格遵守公司企业标准相关规定。

4.1.2.3　模具构件

1. 模具的检查验收

模具在正式投入 PC 构件制作前必须经过进场检查、试生产后的模具精度同实物精度对比检测。各项检测指标均在标准的允许公差内，方可投入正常生产。

在正常生产状态下，对模台的检查主要是浇捣前的快速检查和模具定期检查。浇捣前的快速检查：用测量工具对模具中心宽度和能显示模具正确合拢的项目进行测试。

模具检查的各项目检测值都应及时准确清晰填写在规定的模具检查表中，确保记录的有效性和可追溯性。

2. 模具的组装

对每套进场的模具与配件进行编号、配套管理。

每次浇注完毕后对模具上的混凝土残渣彻底清理、铲除。

脱模剂均匀抹刷在模具内部型腔面上。抹刷后应有专人检查，防止堆积，确保脱模剂涂刷质量。

在钢模合拢前，应先查看一下模台与四块侧模接触处是否干净，清理干净后先合上端头板，然后合上两面侧板，拧紧定位螺栓，端板与侧板一定要密贴、旋紧。工厂预制件如图 4-34～图 4-36 所示，钢结构构件如图 4-37 所示。

4.1.3　钢结构施工工艺

三维建模出具加工图及安装图→合理安排分层分区发货及收货→合理按安装原则安装→安装校正测量同步进行→用深化软件对楼承板合理排板并分层分区发货收货→按层及时浇筑楼板混凝土并做好水电预埋。

4.1.3.1　深化设计要点

（1）在钢结构加工制作前对钢结构加工制作厂作详细的钢结构设计图纸和安装方案交底，明确钢构件的制作特点及难点、安装顺序、吊装区的划分、吊装过程中的临时支撑、连接等，保证钢结构加工制作方案与现场钢结构安装方案的一致性。

图 4-34 工厂预制构件钢筋制作

图 4-35 工厂预制楼梯

图 4-36 工厂预制叠合梁

图 4-37 钢结构构件

（2）严格按照设计单位的要求进行深化工作，深化图纸应满足加工制作、构件运输、现场安装等的要求。

（3）充分考虑材料采购尺寸的限制、构件运输通行限制、现场吊装设备起吊能力、加工工艺可行性与合理性、现场安装、焊接的可行性与便利性等条件的基础上构件进行分段方案设计；考虑其他参建方对钢结构构件的影响，并体现在深化设计图纸当中。

（4）考虑整体压缩变形、安装变形、现场焊接变形等因素，根据相关工程的施工经验制定合理的解决措施；对吊装临时措施、现场临时连接措施等进行设计，标定构件重心位置，对中点等，并体现在深化设计图纸中。

4.1.3.2 加工制作要点

加工过程中，下料后对钢材切割面是否存在裂纹、夹渣、分层，并对切割尺寸进行复量。同时对孔的直径、圆度、垂直度进行复测，形成检测记录。装配工序后对钢构件组拼后外形尺寸进行复测，并对安装焊缝坡口进行复查。对成品构件尺寸、扭曲、垂直度、旁弯、外观进行检查。

4.1.4 技术体系及难点

湖南省创意设计总部大厦项目由 3 个主楼组成，分别为 A、B、C 栋以及二层地下室组成，其中 A 栋为地上 16 层，地下 2 层，层高均为 3.6m；B 栋为地上 22 层，地下 2 层，层高均为 4.5m，C 栋为拟建办公楼，地上 21 层，地下 2 层，层高均为 4.5m，A 栋以采用装配整体式框架结构；B 栋层数较多，平面规则，平面为典型的外框内筒，采用钢管混凝土框架－钢筋混凝土核心筒结构；C 栋平面相对不规则，根据建筑功能以及平面布置，采用钢框架－中心支撑结构。楼板均采用钢筋桁架楼承板。B、C 栋考虑钢柱截面优化均在箱形型钢柱内浇筑混凝土。为有效缩短工期，保证施工进度，外墙采用玻璃幕，楼面采用免支撑体系，内墙采用快装轻质墙板。

该项目在建设过程中将 PC 结构装配式、钢混结构装配式、钢结构装配式各种结构全面的示范。从主体结构、围护墙和内隔墙、装修和设备管线、绿色建筑全方位示范装配式技术。装配式 PC 结构装配率 79％、装配式钢混结构装配率 76％、装配式钢结构装配率 84％，达到全国先进水平。均可评价为 AA 级绿色装配式建筑。同时该项目也运用了集团自主研发的共轴承插型预制一体化卫生间技术，层叠式管道井电梯井、预制设备基础等模块化装配式部品。

传统装配式设计方法基于结构性能，对结构进行先整体后拆分设计，将整体结构拆分成预制构件和连接节点两个部分，把施工设计拆分成预制构件的生产和装配两个部分。其设计方法主要包括结构构件的设计、预制构件的拆分设计、构件的连接节点设计、有限元分析设计。该项目则是通过采用多种有限元软件，对结构进行弹性、弹塑性分析。最后在提供的资料基础上进行装配率核算。另有湖南大学查新合同对以下内容查重查新：

PC、钢结构、木结构三种装配式结构体系应用于同一个工程项目。

装配式 PC 结构装配率 78％、装配式钢混结构装配率 76％、装配式钢结构装配率 84％，达到全国先进水平。

PC 结构同时应用共轴承插型一体化卫生间、层叠式管道井电梯井、预制设备基础等模块化装配式部品。

4.1.5　现场施工工序

4.1.5.1　混凝土结构装配式施工

1. 共轴承插型一体化卫生间

共轴承插型一体化卫生间如图 4-38～图 4-43 所示。

图 4-38　布置基座标高控制点

图 4-39　基座标高调整

图 4-40　标记纵、横向定位线

图 4-41　吊装落位

图 4-42　轴线复核

图 4-43　垂直度复核

2. 层叠式预制电梯井

层叠式预制电梯井吊装落位如图 4-44 和图 4-45 所示。

图 4-44　第一节吊装落位

图 4-45　第二节吊装落位

3. 层制设备管道井

层制设备管道井吊装落位如图 4-46 和图 4-47 所示。

4. 模块化预制混凝土设备基础

预制混凝土标准模块式连接、拼装、固定如图 4-48 所示，内部混凝土填充并留设排水孔及管道如图 4-49 所示。

图 4-46　第一节吊装落位

图 4-47　第二节吊装落位

图 4-48　预制标准模块干式连接、拼装、固定

图 4-49　内部混凝土填充并留设排水孔及管道

5. 常规装配式混凝土部品部件主要施工工序

常规装配式混凝土部品部件主要施工工序如图 4-50～图 4-53 所示。

图 4-50　预制柱预留钢筋定位工装

图 4-51　预制柱套筒灌浆

图 4-52 叠合梁吊装落位

图 4-53 叠合板吊装落位

4.1.5.2 钢结构装配式施工

钢结构装配式施工如图 4-54～图 4-57 所示。

图 4-54 构件吊装与钢柱垂直度控制

图 4-55 钢柱厚型防火涂层、钢梁薄型防火涂层

图 4-56 钢筋桁架楼承板施工

图 4-57 ALC 条板内隔墙施工

4.1.5.3 木结构装配式施工

木结构装配式施工如图 4-58 所示。

图 4-58　木结构连廊装配式施工

4.1.5.4　机电工程装配式施工

1. 模块化装配式机房施工

模块化装配式机房施工如图 4-59～图 4-62 所示。

图 4-59　工厂定制加工　　　　　　　　　图 4-60　工厂拼装

图 4-61　机电模块整体运输

图 4-62　机电模块现场定位安装

2. 装配式成品支架施工

成品支架与钢梁连接固定如图 4-63 所示。

图 4-63　成品支架与钢梁连接固定

3. 装配式风管施工

工厂自动化定制加工生产、现场拼装及安装后效果如图 4-64 和图 4-65 所示。

图 4-64　工厂自动化定制加工生产、现场拼装　　　　图 4-65　安装后效果

4.1.5.5　装饰工程装配式施工

1. 单元体玻璃幕墙施工

单元体玻璃幕墙固定件预埋与安装和吊装前及成品效果如图4-66～图4-68所示。

图4-66　固定件预埋与安装

图4-67　吊装前

图4-68　成品效果

2. 装配式隔墙施工

装配式隔墙铝合金玻璃隔断及清水混凝土装饰墙板如图4-69和图4-70所示。

图4-69　铝合金玻璃隔断

图4-70　清水混凝土装饰墙板

3. 装配式吊顶施工

模块化集成吊顶如图4-71所示。

4. 装配式楼地面施工

弱电机房楼地面施工如图4-72所示。

图 4-71　模块化集成吊顶

图 4-72　弱电机房楼地面施工

4.1.5.6　园林工程装配式施工

1. 绿植模块施工

绿植模块围护结构与排水安装和安装后效果如图 4-73 和图 4-74 所示。

图 4-73　围护结构与排水安装

图 4-74　安装后效果

2. 预制混凝土广场地砖

预制混凝土广场地砖吊装、固定及砖缝处理和成品效果如图 4-75 和图 4-76 所示。

图 4-75　广场地砖吊装、固定及砖缝处理

图 4-76　成品效果

4.1.6　项目整体效果

A 栋选用混凝土装配式结构，B 栋选用钢框架核心筒结构，C 栋选用钢结构装配式结

构，各栋建筑装配率均大于 75%；同时 A 栋采用了装配式管井，以及湖南建工集团自主研发的共轴承插型预制一体化卫生间、层叠式预制电梯等。湖南创意设计总部大厦装配式结构体系的综合运用对整个行业有较好的示范意义及推广效果，该项目作为湖南省 2020年装配式示范和观摩项目，较好的结合本地区的实际，积极示范出多种装配式结构体系在同一个项目上，并取得了参建各方的大力支持和认可，同时取得了很好的经济效益和社会效益。其中 A 栋仅通过采用层叠式预制混凝土电梯井及其施工工法，经统计，该项目相较于砖砌电梯井节约成本约 36 万元，减少现场建筑垃圾产生量约 95%，进一步推进了建筑行业绿色施工水平，促进环境保护及资源节约。从生产、运输、安装、运维四过程中的碳排放和能耗方面，符合国家"双碳"战略目标，具有极大的社会效益。B、C 栋相较于普通混凝土结构工期节约 6 个月以上，并极大减少了现场湿作业。该项目已经完成竣工验收。

项目建成整体效果如图 4-77 所示。

图 4-77 项目建成整体效果

4.2 BIM 技术应用

4.2.1 BIM 全过程应用策划

研究 BIM 技术在绿色建筑全过程中的应用，如设计阶段 BIM 应用、施工阶段 BIM 应用以及运营阶段的 BIM 应用。根据项目特点将 BIM 技术合理应用到全过程，阐述 BIM 技术在全过程阶段的应用价值，能够运用 BIM 技术指导实际施工。

（1）设计阶段：缩短设计周期，提升沟通效率，提升设计质量，减少专业冲突及设计变更，优化管线排布，确保竖向净空，辅助项目的算量统计，严格控制项目投资预算，精细化施工管理，辅助项目施工进度、成本、质量、安全控制。

（2）施工阶段：通过 BIM 工程模型建立，实现三维设计校对和优化，基于 BIM 的施工及管理，实现项目各参与方协同工作。

（3）运营阶段：将人、空间与流程相结合进行管理。设施管理服务于建筑全生命周期，在规划阶段就充分考虑建设和运营维护的成本和功能要求。运用 BIM 技术，实现运营期的高效管理。

4.2.2 BIM 全过程应用实施

4.2.2.1 设计阶段模型创建

BIM 应用的数据支撑是模型，根据《BIM 项目实施手册》中的模型深度标准对建筑、结构、机电设备等各专业图纸进行建模，并及时对模型创建过程中发现的问题进行记录和反馈，通过 BIM 信息化模型，使得设计方与业主方运用可视化技术协调沟通，得到最优设计模型，从而为后续阶段的 BIM 应用提供技术支撑。设计阶段模型深度要求见表 4-8。

设计阶段模型深度要求　　表 4-8

序号	建模内容	附加信息要求
	总图专业模型深度要求	
1	场地:场地边界(用地红线、高程)、建筑地坪、场地道路等	主要技术经济指标;建筑总面积、占地面积等
2	建筑功能区域划分:主要道路、广场、停车场、消防车道等场所的布置	
3	周边建筑物及构筑物的位置、体量、形状、大小等其他必要的模型表达	
4	其他必要的模型表达	
	建筑专业模型深度要求	
1	非承重墙、幕墙、门窗、楼梯、井道、阳台、雨篷、台阶、排水沟等主要构造部件组成,房间及功能区域	1. 建筑构件技术参数及物理热工性能。2. 墙体、楼板、幕墙等必要的建筑构造或组成信息说明
2	家具、卫浴器具、生产设备等主要设备和固定设施	
3	吊顶、栏杆、扶手等其他构件	
4	预留孔洞等	
5	平面、立面、剖面视图中三道尺寸标注	
6	其他必要的模型表达	
	结构专业模型深度要求	
1	桩基础、筏形基础、独立基础及基础梁等基础构件	结构主体构件材料信息、组成等
2	承重墙、柱、梁、楼板等结构主要构件	
3	桁架、网架、网壳、檩条等空间结构主要构件	
4	楼梯、坡道等其他构件	
5	主要预埋件及预留孔洞	
6	其他必要的模型表达	

续表

序号	建模内容	附加信息要求
1	主要管道敷设路径和管线连接件	1. 管线及管路附件埋设深度、敷设高度、管径大小、坡度等信息。 2. 主要给水排水设备尺寸参数、连接类型、工艺要求等信息。 3. 管道及设备预留洞口的尺寸、位置
2	主要管道附件,主要包括雨水斗、排水漏斗、地漏、各类阀门、各类仪表和给水配件等的准确布置	
3	卫浴装置及其附属支管布置及定位。主要包括:洗脸盆、浴盆、污水池、小便器、大便器、淋浴喷头等	
4	主要给水排水设备的布置,主要包括消火栓、气体灭火设备等消防类设备,水泵、水处理设备、直饮水设备及其他设备、各类喷头	
5	主要附属设施的布置及定位,包括设备用房、管井、水池、检查井、雨水口、阀门井、跌水井、水表井、隔油池、化粪池等	
6	其他必要的模型表达	

电气专业模型深度要求

序号	建模内容	附加信息要求
1	主要电缆桥架、梯架、线槽、母线敷设路径及管线连接	1. 桥架敷设高度、桥架尺寸等信息。 2. 电气设备尺寸及设备重要参数信息。 3. 桥架及电气设备预留洞口的尺寸、位置
2	主要电气设备的布置及尺寸,主要包括各级配电箱、高低压配电柜、变压器、发电机组及其他重要电气设备	
3	照明灯具的布置	
4	主要电气装置、火警装置及弱电装置,包括各类末端控制开关、电源插座、火灾探测器、扬声器、声光报警器、火警电话、消防电话插孔、通信及网络插孔等	
5	主要电气设备用房位置及尺寸,主要包括变配电室(站)、强弱电间、强弱电竖井、发电机房等	
6	其他必要的模型表达	

暖通专业模型深度要求

序号	建模内容	附加信息要求
1	暖通风管敷设路径及管线连接:主要包括通风空调通风管、回风管、新风管、排风管、消防加压风管、捕钢风管、补风管及风管连接件等	1. 暖通风管、水管及附件埋设深度、敷设高度、风管尺寸,坡度等信息。 2. 主要暖通设备尺寸参数、连接类型、工艺要求等信息。 3. 暖通管道、机械设备预埋洞口的尺寸、位置
2	暖通水管敷设路径及管线连接:主要包括空调冷冻水供回水管道、空调热水供回水管道,补水管,多联机系统冷凝管及冷媒管等	
3	各系统风管及暖通水管阀件,主要包括风管阀门、风口消声器、水管阀门、温度计、压力表、保温材料	
4	主要机械设备布置。包括各类风机、换气扇、排风扇、组合式空调机组、新风机组、风机盘管等空气处理装置;冷水机组、锅炉、风冷热泵机组、冷却塔、多联机组室外机、水泵、膨胀定压装置、蓄水箱	
5	主要设备用房布置及定位,包括制冷机房、空调机房、热交换站	
6	其他必要的模型表达	

4.2.2.2　项目各专业信息模型的创建

通过对工程施工图设计的模型重建,迅速对设计内容进行复核,从而找出相关设计问题,建立设计质量反馈解决流程,从而完善工程设计。该项工作需要及时进行,确保对设计内容复核的及时性和准确性,在施工前完成技术文件的审查,从而指导施工的进行。

4.2.2.3　基于模型的辅助出图

该项目立面造型复杂，基于传统的二维外立面制图问题可能较多，从 BIM 模型中生成设计图纸，效率高、质量高，同时可以保持模型与图纸的联动，实现项目图纸的"一处修改、处处修改、实时同步"，避免了当项目发生设计变更时，衍生出大量繁琐的图纸修改工作。根据项目实际情况制定相应的 BIM 表达标准和视图样板确定，对出图的线型、字体进行设置，以满足二维出图的标准要求。

三维模型计算机界面如图 4-78 所示。

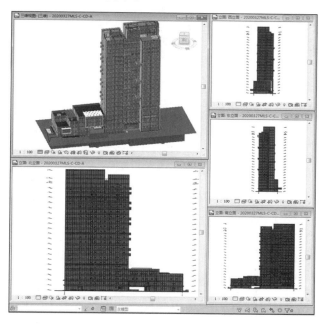

图 4-78　三维模型计算机界面

（1）BIM 技术应用。BIM 技术应用如图 4-79～图 4-82 所示。

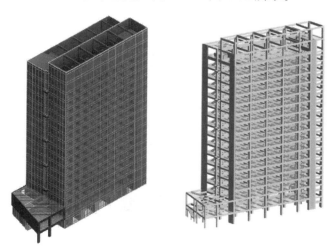

图 4-79　A 栋建筑结构模型

117

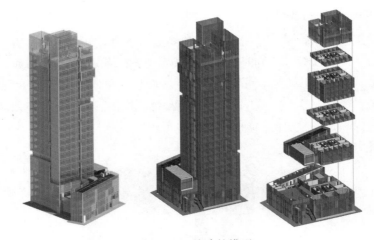

图 4-80 B栋建筑模型

图 4-81 C栋建筑模型

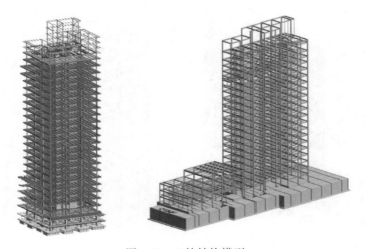

图 4-82 C栋结构模型

（2）幕墙深化设计。幕墙深化设计如图 4-83～图 4-84 所示。幕墙节点大样如图 4-85 和图 4-86 所示。

图 4-83　幕墙外立面模型

图 4-84　幕墙节点 BIM 模型

4.2.2.4　设计调整的配合与反馈

在 BIM 发现的各专业问题配合设计方进行设计的调整，通过 BIM 验证设计修改的可行性，并以 BIM 为桥梁来沟通协调业主与设计方，实现设计调整的最优化。通过定义模型不同阶段的精度，规定模型每个阶段的表现特点，从而得到模型的可视化表达方案。在设计阶段，重点在于管线和空间查错、模型信息的外部表现、相关表达重点和特点为管线复杂区域、高大空间区域、交通空间等。

三维可视化设计如图 4-87 所示。

在 BIM 设计过程中，对二维设计过程中难以发现的一些问题提出意见及优化方案，提升设计质量，减少设计变更。

4.2.2.5　模型质量审核与控制

模型质量的审核与控制，是保证模型数据准确性和可用性的根本，通过三级审查和复核机制，可最大限度保证模型的精度。

BIM 设计管控要点如图 4-88 所示。

4.2.2.6　BIM 专业协调

通过对建筑结构、机电设备等各专业的各种问题将模型进行综合，并进行冲突检测，可以发现各专业之间的各种问题，通过对这些问题进行甄别，并给出设计优化意见，进行设计调整，并形成优化报告，可以很大程度上提高设计质量，提前解决施工阶段的变更与返工，节省项目工期。该项目结构优化建议报告如图 4-89 所示。

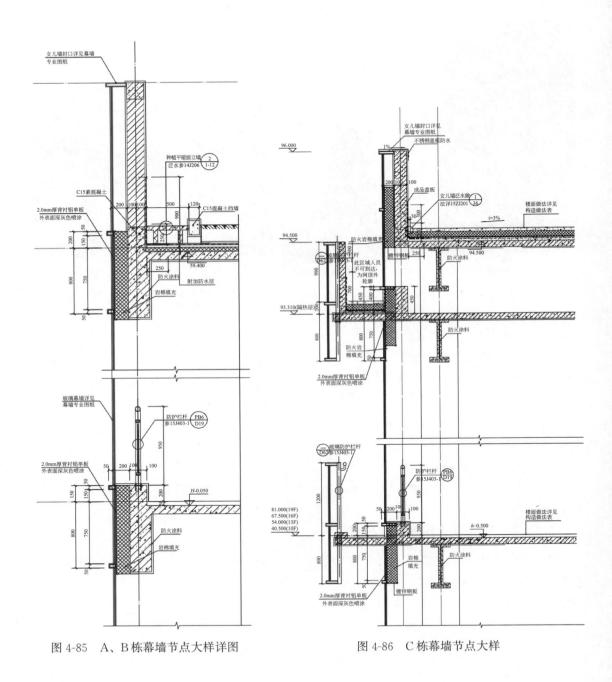

图 4-85　A、B栋幕墙节点大样详图　　　　图 4-86　C栋幕墙节点大样

图 4-87 三维可视化设计

项目名称		建筑专业		初设·□ 施工图·□	
分类	序号	管控要点		BIM自检	专业负责人检查
一、BIM模型完整性和准确性					
完整性	1	BIM模型从外观上应简洁、美观，重叠构件做连接处理，材质与效果图保持一致		□	□
	2	方案设计BIM模型除了外观上的简洁、美观，还应能核算各项经济指标		□	□
	3	施工图BIM模型应链接结构模型绘制，考虑建筑结构构件标高关系，处理构件重叠		□	□
	4	施工图BIM模型应绘制完整园林景观模型，室外场地用"场地"命令绘制，准确反映场地标高，屋顶绿化及其他位置可用"楼板"命令绘制		□	□
	5	BIM模型应包含建筑物的全部建筑构件，包括但不限于墙、楼板、门窗、楼梯、栏杆扶手等构件		□	□
	6	BIM模型应准确体现构件标高定位，重点位置为地下室坡道、室外地坪、首层、屋顶、卫生间、夹层等区域		□	□
准确性	1	水电井检修门的底部高度及屋顶出屋面门的底部高度都应按设计要求抬高		□	□
	2	卫生间处的门如在降板区域须随楼板一起降标高		□	□
	3	外立面幕墙应创建幕墙门窗、幕墙竖铤、消防救援窗等，幕墙网格分割统一手动放置网格分割		□	□
	4	模型绘制过程中，应考虑"人使用建筑构件是否方便"的因素在内，如人站在室内，是否方便开启窗户，或者开启窗户时，窗户有没有被其他构件遮挡等		□	□
	5	核对建筑与结构的洞口位置是否一致		□	□
二、碰撞检查					

图 4-88 BIM 设计管控要点截图

细节1：设计说明与层高表所表达的结构板厚不一致，设计说明错误

细节2：层高表标高错误

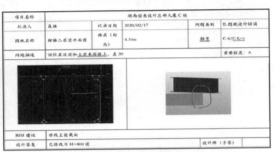

优化一：GL5截面太大，居中定位线布置，钢梁与外立面幕墙有碰撞，将GL5截面改成GL4

优化二：主次梁未搭接，修改主梁高度为800mm

图 4-89　该项目结构优化建议报告

4.2.2.7　BIM 设计优化

BIM 技术在设计过程中也能发挥很大的作用，BIM 的分析模拟及可视化功能可以对设计过程，特别是各专业之间需要协调配合的过程以及重点位置进行必要的分析。在设计前期就通过分析比选将方案确定下来，避免后期修改带来的对进度及质量的影响，比如：机房位置对管道路由、结构、室内净高等的影响等。

根据地形图纸建立该项目三维地形模型，针对场地的高程、流域、汇水情况进行数据分析，为项目的竖向设计提供参考依据。BIM＋倾斜摄影进行场地分析如图 4-90 所示。

BIM模型放入真实场地
分析和周围场景关系

图 4-90　BIM＋倾斜摄影进行场地分析

4.2.2.8　平面功能布局

对不同的平面功能布局方案进行有针对性的分析，通过比选确定最优的平面方案。

如：机房的位置对管线路由以及层高影响很大，对不同方案下的管线路由进行排布分析，确定最优的排布方式及机房位置。楼层净高分析如图 4-91 所示。

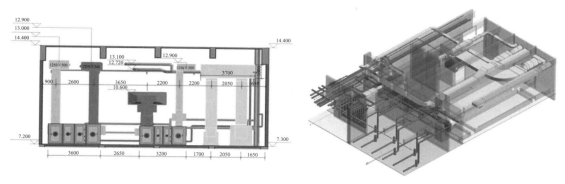

图 4-91 楼层净高分析

4.2.2.9 管综优化设计

根据 BIM 模型结合甲方要求，从全局出发，综合考虑净高及施工等各方面的需求，对管线进行综合排布，确保建筑造型与建筑使用功能得到最大效能的统一与结合，避免了传统碰撞处理中在碰撞区域采取局部管线翻弯从而牺牲建筑使用性能的做法。

工程项目涉及专业多，功能需求复杂，尤其是机电部分的施工深化具有很大的难度。应用 BIM 模型对项目的机电系统进行校核，优化各专业模型路由，整合各专业模型进行碰撞检查、协调优化，保证机电专业的施工能顺利进行。管综优化设计如图 4-92 所示。

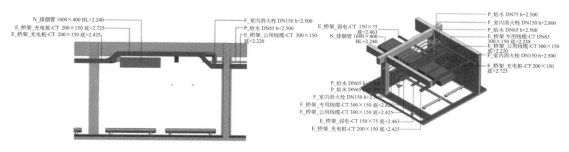

图 4-92 管综设计

基于 BIM 模型的综合管线协调：综合机电分包将建筑、结构、机电各专业 BIM 模型综合，进行综合碰撞检查，并由各专业 BIM 协调工程师进行沟通协调，确定综合管线优化方案。将各专业的管线分不同的图层、不同的颜色方便控制与辨识，然后进行机电管线综合平衡协调，复核管线的走向，调整管线与管线之间、管线与建筑结构之间的间距，纠正管线之间的交叉等错误。调整管线前后设计及管线预留洞如图 4-93 和图 4-94 所示。

（1）预留预埋深化设计：依据协调后的机电综合管线模型，生成管线预留预埋图纸，为土建的预埋预留施工提供参考。

（2）净高控制：依据协调后的综合机电管线模型，对各区域净高进行检查，对于管线

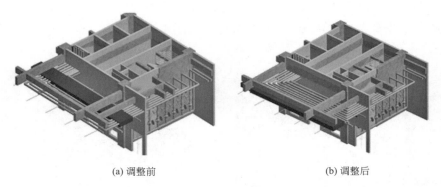

(a) 调整前 　　　　　　　　　　　　　　(b) 调整后

图 4-93　调整管线前后设计

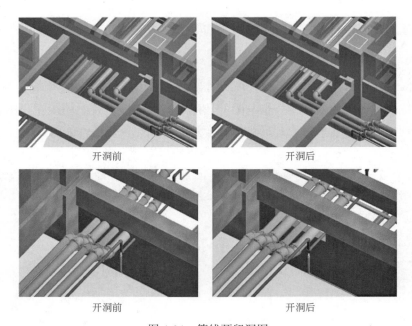

开洞前 　　　　　　　　　　　　　　开洞后

开洞前 　　　　　　　　　　　　　　开洞后

图 4-94　管线预留洞图

排布复杂，存在净空不足等问题的区域进行管线优化排布，满足规范要求和间距要求（包括管道保温层在内）提高净空，避免工程返工造成的损失。并通过局部 3D 视图，剖面图进行施工技术交底。三维净高分析如图 4-95 所示。

4.2.2.10　设计成果审查

BIM 技术还可以用于对设计成果进行审查，通过漫游、碰撞检查等软件功能可以对 BIM 模型进行详细的检查，从而发现在二维图纸上很难发现的问题，特别是各专业之间交接的问题。将这些问题解决在设计阶段，从而提高设计的质量、避免对项目进度造成影响。BIM 模型辅助校核如图 4-96 所示。

4.2.2.11　BIM 辅助概预算

为更加准确地统计各专业的工程量，项目前期各专业都制定了严格的建模规则。结构

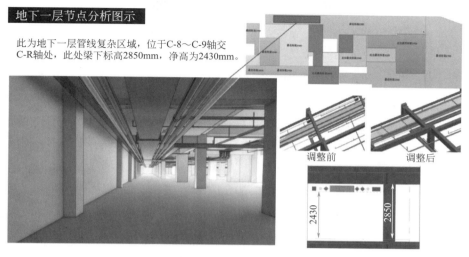

图 4-95 三维净高分析

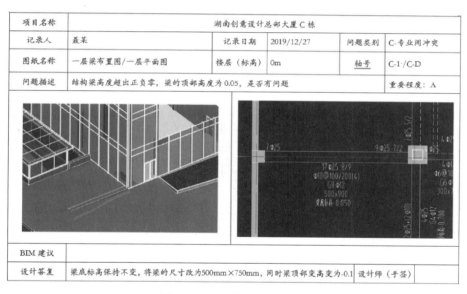

图 4-96 BIM 模型辅助校核

专业主要遵循：柱剪切梁、梁剪切板、剪力墙剪切所有构件；建筑专业主要遵循：建筑墙横向遇柱子必断开，竖向遇楼板及梁必断。最终以明细表的方式提交概算，为项目的工程材料计划，工程造价提供了数据支持。

通过模型可以对各类构件进行分类统计，统计出来的工程量清单可以跟概预算的清单进行比对，复核其概预算清单中工程量的准确度，确保概预算的精准度。

BIM 实物量提取辅助概算如图 4-97 所示。

4.2.2.12 BIM 装配式深化设计

装配式 BIM 技术的应用思路为：搭建项目整体结构模型，整体结构计算及模型的调

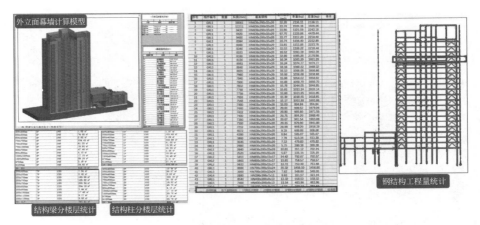

图 4-97　BIM 实物量提取辅助概算

整，根据拆分方案进行预制构件指定（装配率计算），拆分设计，装配式模型再次计算及调整，构件深化设计及出图。钢结构体系部分，采用 YJK 进行整体结构设计，Tekla 软件进行钢结构深化设计。装配式构件深化设计和项目实景如图 4-98 所示。

4.2.2.13　BIM 精装修设计

在建模过程中可实时进行同步更新，结合碰撞检查功能，可完成对模型的软、硬碰撞检查，从而对装修方案进行及时检测，并根据检测结果与建筑、结构、机电等专业进行协调优化，保证精装修的设计质量。BIM 效果图渲染和项目实景如图 4-99 所示。

图 4-98　装配式构件深化设计和项目实景

图 4-99　BIM 效果图渲染和项目实景

4.2.2.14　BIM 景观设计及模拟

BIM 技术在景观设计过程中也能发挥极大的作用，在设计的过程中能实时地将设计师的意图通过三维可视化形象生动地以效果图的形式展示出来，发现问题能及时地进行设计优化、调整，可以很大程度上提高设计质量、节约设计时间，提前解决施工阶段的变更及返工，节约造价，节省工期。BIM 景观设计和项目实景如图 4-100 所示。

图 4-100　BIM 景观设计和项目实景

4.2.2.15　BIM 绿色建筑设计

使用 BIM 模型进行各项绿色建筑分析，如：室外风环境模拟、噪声分析、采光日照模拟等，从多维度优化建筑设计，营造一个更为生态、舒心的办公环境，最终将 C 栋打造为绿色建筑三星标准，A、B 栋为绿色建筑二星标准。自然采光和室内风速图如图 4-101 和图 4-102 所示。

图 4-101　自然采光和室内风速图

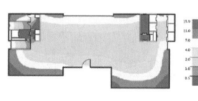

五～十八层自然采光　　　　　　　二十一层自然采光

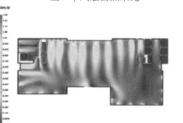
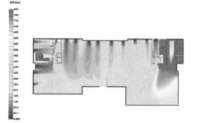

五～十八层室内风速云图　　　　　五～十八层室内风速放大云图

图 4-102　自然采光和室内风速图

4.2.2.16　BIM 新技术应用

（1）BIM＋VR：通过 VR 进行设计创作和项目汇报，降低信息衰减，减少汇报次数，大幅度节约成本。BIM 结合 VR 的应用如图 4-103 所示。

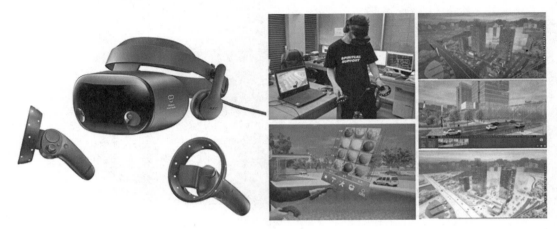

图 4-103　BIM 结合 VR 的应用

（2）BIM＋倾斜摄影：采用倾斜摄影技术，利用无人机对项目场地及周边环境进行数据采集，并导入软件进行三维实景建模，推敲设计和现场环境的契合情况。倾斜摄影场地＋BIM 模型如图 4-104 所示。

图 4-104　倾斜摄影场地＋BIM 模型

4.2.2.17　施工阶段施工方案 BIM 模拟

基于 BIM 的三维场地布置为科学规划施工场地、优化资源调配提供了很好的解决方案。通过 BIM 技术，动态规划生活办公区、材料加工区、仓库、材料堆放场地、施工道路、大型机械设备的布置等，可以直观反映施工现场情况，减少施工用地、保障现场运输道路畅通。同时，对施工场地布置设施进行统计。施工场地布置模拟如图 4-105 所示。

4.2.2.18　施工阶段机电深化设计

通过 BIM 技术对机房进行方案优化及深化设计，根据到场的实际阀部件尺寸，建立

图 4-105　施工场地布置模拟

实时模型，考虑阀操作空间及检修空间。对管线构件的生产加工出具 BIM 图纸，并采用装配式方案进行机房安装。机房深化设计如图 4-106 所示。

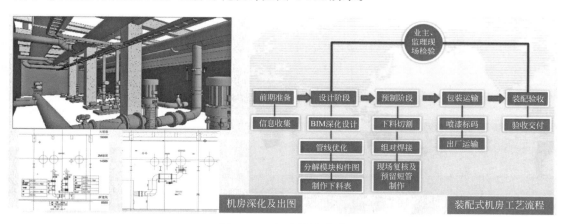

图 4-106　机房深化设计

4.2.2.19　施工阶段幕墙深化设计

在设计阶段 BIM 模型的基础上，继续对幕墙进行深化设计，出材料清单列表，控制造价。并出具三维安装图纸，指导施工，减少施工误差与返工。幕墙深化设计如图 4-107 所示。

4.2.2.20　施工阶段 BIM＋装配式施工

1. 节点优化与碰撞检查

相比于传统建筑，装配式建筑增加了预制构件的安装施工环节，增加了施工工序和技术难度，同时带来了一些新的技术问题，如构件或设备的位置碰撞冲突，工序的冲突等。基于 BIM 技术的前期策划，在装配式设计 BIM 模型基础上，根据 BIM 模型进行施工模型

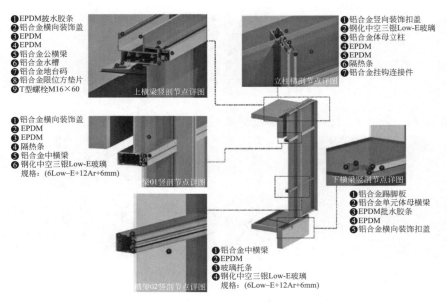

①EPDM披水胶条
②铝合金横向装饰盖
③EPDM
④EPDM
⑤铝合金公横梁
⑥铝合金水槽
⑦铝合金地台码
⑧铝合金限位方垫片
⑨T型螺栓M16×60

上横梁竖剖节点详图

①铝合金竖向装饰扣盖
②钢化中空三银Low-E玻璃
③铝合金体母立柱
④EPDM
⑤EPDM
⑥隔热条
⑦铝合金挂钩连接件

立柱横剖节点详图

①铝合金横向装饰盖
②EPDM
③EPDM
④隔热条
⑤铝合金中横梁
⑥钢化中空三银Low-E玻璃
 规格:(6Low-E+12Ar+6mm)

梁01竖剖节点详图

下横梁竖剖节点详图

①铝合金踢脚板
②铝合金单元体母横梁
③EPDM披水胶条
④EPDM
⑤铝合金横向装饰扣盖

①铝合金中横梁
②EPDM
③玻璃托条
④钢化中空三银Low-E玻璃
 规格:(6Low-E+12Ar+6mm)

横梁02竖剖节点详图

图 4-107 幕墙深化设计

深化,进行维度上的扩展,将传统的二维平面图纸扩展为三维模型,还可融入时间维度,实现虚拟施工。在此基础上,预先发现可能存在的问题,对后期施工有较大的指导和帮助作用。装配式构件节点优化与碰撞检查如图 4-108 所示。

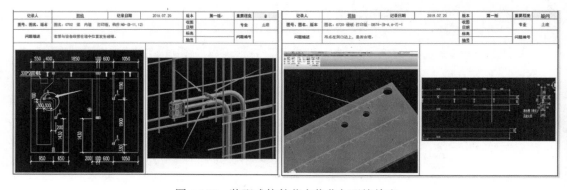

图 4-108 装配式构件节点优化与碰撞检查

2. 重难点技术的预分析

该项目的装配式施工运用 BIM 技术将整个过程直观地呈现出来,一些重要施工环节也会得到展现,可比较不同施工计划、工艺方案的可操作性,根据直观效果来决定最终的选择方案。查找问题、模拟建造,并通过 BIM 施工深化模型对项目中的技术重点、难点进行分析研究,从而科学策划,极大程度减少后期在施工过程中的工期延误。采用 BIM 技术的虚拟建造过程,可以让项目管理人员在开工前期预测项目建造过程中每个关键节点的施工现场布置、大型机械及措施布置等方案。BIM 可视化指导现场施工如图 4-109 所示。

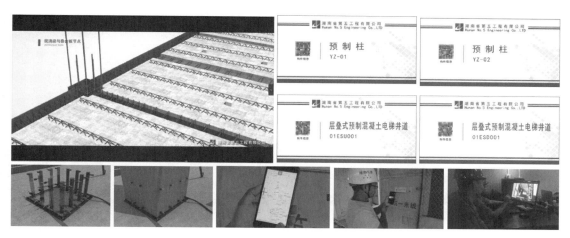

图 4-109　BIM 可视化指导现场施工

3. 技术交底

基于 BIM 技术辅助项目重大工法研究及讨论，通过可视化技术模拟方案的可行性、安装工序、节点详图等。可视化交底如图 4-110 所示。

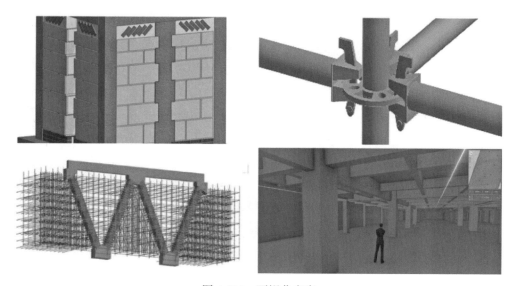

图 4-110　可视化交底

4.2.2.21　进度管理、进度计划控制

根据项目进度计划的时间节点，上传当前项目完成情况的模型信息，并与进度计划的模型进行对比，反应项目进度的提前或滞后情况，为进度管理进行定期纠偏及进度计划调整提供参考。进度计划表如图 4-111 所示。

4.2.2.22　无人机监测

该项目工作场地大，工作面数量多，难以实时从宏观层面了解项目的每日情况，通过

图 4-111　进度计划表

采用无人机对项目进行每日巡检拍摄，进度监测，避免盲目施工。BIM＋无人机进度管理如图 4-112 所示。

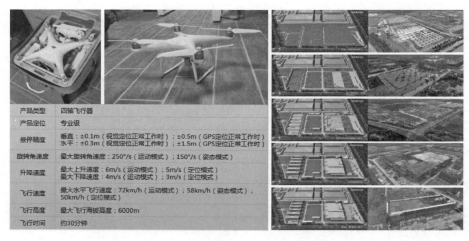

图 4-112　BIM＋无人机进度管理

4.2.2.23　成本管理 BIM 算量

根据项目扣减规则对搭建的 BIM 模型进行修改，以"柱减梁、梁减板、剪力墙减一切"的基本原则形成 revit 算量模型，通过明细表统计提取项目各单体指定区域的工程量数据，为项目的工程材料计划、项目工程量结算提供了坚实的数据支撑，严控材料成本。同时为保证数据的准确性，采用了算量软件对数据进行了复核。偏差均表现出在允许范围之内（5%）。成本管理的 BIM 算量如图 4-113 所示。

4.2.2.24　治安管理 BIM 模型指导现场施工

项目的治安管理，通过 BIM 模拟进行可视化交底保证项目施工质量满足高标准的要求，同时现场施工管理人员通过移动端手机 APP 查看 BIM 模型及构件属性，为项目现场施工指导提供便利。BIM 模型与现场对比如图 4-114 所示。

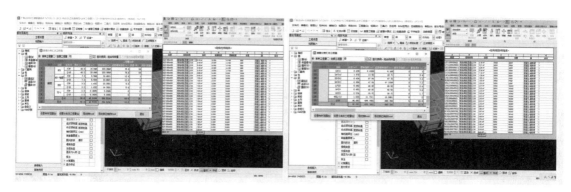

图 4-113　BIM 算量

图 4-114　BIM 模型与现场对比

4.2.2.25　质量安全问题整改及追溯

项目团队基于 BIM 平台进行项目管理，通过手机端 APP 进行项目工作协调沟通及现场质量安全问题整改追溯，为项目管理留痕的同时大大提高了工作效率。问题整改及追溯如图 4-115 所示。

4.2.2.26　FM 认证

美国 FM 全球公司为美国最大的风险保险商，为工业资产保险，按照 FM 标准进行认

图 4-115　问题追溯

证咨询，是美国最严格的质量控制机构之一。相较于现行国家标准，FM 认证下的自动喷淋系统的施工更加复杂，喷头点位布置较国内标准更加严苛。项目机电 BIM 小组以 BIM 为重要手段，对消防水专业喷头点位进行精准定位，提高建筑物的消防性能，也为后期获得 FM 认证提供技术支持。FM 认证如图 4-116 所示。

(a) 现场扫码获取模型信息
保证施工过程喷头点位准确

(b) 模拟火灾逃生路线
开展项目火灾逃生演练

图 4-116　FM 认证

4.2.2.27　运维阶段

为建设湖南省创意设计总部大厦装配式 BIM 运维系统，实现装配式 BIM 从施工阶段向运维阶段的有效延伸，创建 BIM 在运维阶段示范性项目，同时完成 BIM 运维标准体系研究、BIM 运维模型搭建及应用研究以及基于 BIM 的项目运维系统开发等，为区域型智慧城市的打造提供数据基础，引入集团研发的"AOps 数字化交付与智能运维平台"。

4.2.2.28 示范实施成效与成果

1. 成效

该项目采用 BIM 技术基本取得成功。在社会、经济和技术方面取得了巨大的效益。在社会效益方面，该项目作为本院在外省的典型项目之一，得到了众多领导的关注，并得到了领导们的一致好评，为湖南省建科院在业务扩展和知名度等方面得到了很大的提升，同时也提高了企业的核心竞争力。起到了为中小型企业提供良好的示范作用，进一步推动 BIM 技术在更多企业中的落地使用，最终推动建筑业的良性发展。在经济效益方面，节约参数化模型调用与各专业协同的时间；节约设计变更减少的时间；减少或防止设计错误或返工而节省时间；优化施工图及进度计划带来的工期节约等。能节约成本、节约时间，提升投资回报率。在技术效益方面，加强科学决策，提高决策效率；避免传统的二维图纸设计中的人为失误。通过三维模型的冲突检测，排除设计图纸中空间碰撞，优化设计图纸及管综排布方案，提高设计效率；避免因工程施工过程中因碰撞问题产生的变更与返工，提高施工效率。在应用 BIM 技术水平上得到了很大的提高，同时编制了《BIM 技术应用手册》《BIM 模型交付标准》和《BIM 制图规则》等 BIM 相关标准。

2. 成果奖项

（1）第十一届"创新杯"建筑信息模型（BIM）应用大赛工程全生命周期 BIM 应用二等成果。

（2）"龙图杯"第九届全国 BIM 大赛设计组二等奖。

（3）国家级"示范目标创建 QC 小组"一等奖。

（4）第五届中国建设工程 BIM 大赛（2020）"一等奖"。

（5）全国智标委 BIM 实施能力成熟度评价证书（2020）中国建筑信息模型科技创新联盟"三星级"。

（6）2020 年"金标杯"BIM/CIM 应用成熟度创新大赛"一等奖"（BIM 施工组）。

3. 发表论文

（1）《EPC 模式下的 BIM 设计管控》，基层建设 2021 年第 13 期。

（2）《BIM 技术在湖南创意设计总部大厦项目装配式实践与应用》，建筑工程技术与设计 2021 年第 26 期。

4.3 智慧建筑应用

4.3.1 智慧建筑策划

4.3.1.1 构建智慧平台，实现互联互通

通过建筑云中枢平台的扩展，与产业园区内商业、服务、产业链连通，构筑智慧园区管理平台，实现园区及企业安全、环保、应急、能源、经济等应用需求；并能通过智慧园区管理平台数据交互及时传递、整合、交流、使用——城市经济、文化、公共资源、管理

服务、市民生活、生态环境等各类信息，建立完善的智慧城市平台，提高物与物、物与人、人与人的互联互通、全面感知和利用信息能力。

4.3.1.2　自我感知

通过各类传感技术，实时采集建筑体内的温度、湿度、空气洁净度、阳光照度、人员密度及活动轨迹等情况，让建筑体具备感知功能，能感知建筑体内外环境的变化。

4.3.1.3　自动调节

通过楼宇自控技术，实现对建筑体内的所有机电设备的监测和控制，并通过 AI 技术、大数据分析、云端专家服务平台，实现建筑体根据自我感知进行自我调节，以最少的能耗达到最佳的环境状态。

4.3.1.4　安全防范

通过传统的视频监控、门禁、报警系统，结合人脸识别、智能行为分析、联动追踪等技术，在建筑体内外搭建立体化安防体系，变被动为主动，实现智慧安防。

4.3.1.5　顺畅通行

通过智能识别、智能分析、智能引导、智能控制等技术，对建筑体内人行、车行的通道和路径进行自主控制，实现建筑体可根据人流、车流情况自主调整通行策略，提高通行效率，减少拥堵，实现人车的智慧通行。

4.3.1.6　便利办公

通过云桌面、云计算、云打印、云会议、云存储等技术，实现自由办公、共享办公，打破传统办公模式，创造一个高效、便利的办公环境，实现智慧办公。

4.3.1.7　舒适生活

通过云中枢管理平台中生活服务的智能接入，便捷与丰富建筑体内人员生活，提供出行用餐休闲便利，让员工在公司能感受到家的温暖。

4.3.1.8　轻松管理

通过云中枢管理平台，对建筑体内各系统、设备、资产、信息等进行集中管控，对采集的数据进行统一存储、交换，分析和提炼出有效信息，推荐管理策略，结合可视化 GIS、BIM 等技术，提高管理效率，减少管理人员，降低管理成本，实现智慧物管。

4.3.1.9　高效传输

通过万兆网的接入、5G 信号的覆盖、超算中心的搭建，实现信息高速传输、数据高效运算、数据云端安全存储，为智慧建筑的运营提供有效保障。

4.3.1.10　动态展示

通过全息投影、数字沙盘、体感互动、虚拟 AR 及传统多媒体技术的展示，结合新科技、新产品的模拟现场，打造现代化、科技化的展示空间，生动地展示企业形象，同时实现对新科技、新产品、新技术的宣传和推广。

4.3.1.11　协同设计

通过协同设计、BIM 信息化、大数据、5G、智慧工地、智慧建造、智慧运维、智能化系统集成平台等技术应用和展示，实现智慧建筑的示范。智能化系统如图 4-117 所示。

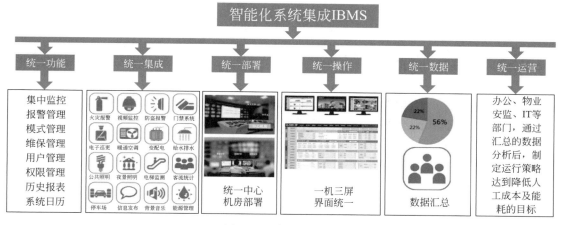

图 4-117　智能化系统

4.3.2　智慧建筑实施

4.3.2.1　照明系统节能

1. 节能思路

该项目为办公楼，各类型办公建筑照明每年电耗在 $5\sim25kWh/m^2$ 之间，造成上述差别的主要原因有：

（1）开启时间：办公建筑中的照明设备普遍开启时间较长，与工作时间、人员习惯有关。

（2）单位面积照明灯具装机功率：各办公楼实际照明灯具的装机功率有一定差别，其节能潜力在于使用高效节能灯具。

（3）办公楼实际使用状况：夜间、节假日和周末加班时间长短，走道、楼梯间、会议室等次要功能区域或间歇使用区域所占面积比例等。

2. 节能措施

采用智能照明控制系统，对建筑内公共区域、会议室、多功能厅、阶梯教室和开敞办公等区域的照明进行智能控制。系统具备照明单回路开关控制功能；无人管理逻辑功能，定时、电脑控制；控制模块具备紧急手动开关功能；一键式全关功能；回路开关状态检测功能和历史数据查询、图形报表生成、打印输出功能。

3. 节能策略

（1）走廊、电梯厅照明节能。

整个控制方式采用定时功能，当下班时，保留主要照明，当有人经过时，采用红外移动控制，人来开灯，人走灯延时关闭。当户外照度低于要求值时，亮度感应器自动开启走廊过道灯；当夜幕深沉，时间控制器将自动关闭部分灯光，只保留部分灯光以达到最大的节能效果。随着外部光线的渐亮，亮度感应器关闭所有的照明。走廊通道照明效果如图 4-118 所示。

（2）办公区照明控制策略。

1）办公区采用系统进行照明控制，可以很灵活实现单回路控制、组合回路控制、分区控制等。

2）办公室是灯光照明与室外自然光结合的区域，建议在此区域设置日照补偿功能，即当自然光线超过一定照度时，光线感应器可自动将部分或全部灯光关闭。

3）在敞开办公室中增加定时控制功能，即上班时可将办公室灯光定时开启，下班后定时关闭，定时控制功能与光感控制功能配合工作，互相补充，互不干扰。

敞开办公照明效果展示如图 4-119 所示。

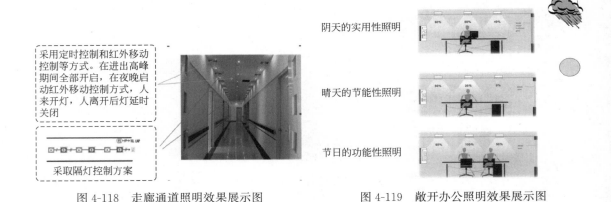

采用定时控制和红外移动控制等方式。在进出高峰期间全部开启，在夜晚启动红外移动控制方式，人来开灯，人离开后灯延时关闭

采取隔灯控制方案

阴天的实用性照明

晴天的节能性照明

节日的功能性照明

图 4-118　走廊通道照明效果展示图　　　　图 4-119　敞开办公照明效果展示图

（3）地下车库控制策略。

1）该项目地下车库采用定时器对车库灯光进行定时控制，例如早上 6 点定时器自动将所有灯光打开，至夜间 12 点后定时将大部分灯光关闭，保留基本灯光照度，而达到自动控制及节能的目的。

2）除自动控制方式外，在特殊情况下可通过中控电脑对灯光进行人工干预，可对灯光进行手动控制，也可在必要时将自动控制如定时控制等关闭或开启，充分保证控制系统的高可靠性及灵活性。

3）系统还可与消防系统进行联动，当出现消防报警时，系统可自动将非紧急照明线路全部切断，可最大限度地降低火灾的危险。

（4）系统效果。

1）减少眩光。传统照明系统中，配有传统镇流器的日光灯以 100Hz 的频率闪动，这种频闪使工作人员头脑发胀、眼睛疲劳，降低了工作效率。该项目智能照明系统中的调光模块则工作在很高频率（40～70kHz）不仅克服了频闪，而且消除了起辉时的亮度不稳定，在为人们提供健康、舒适环境的同时，也提高了工作效率。

2）延长灯具寿命。灯具损坏的致命原因是电网过电压，只要能控制过电压就可以延长灯具的寿命。该项目智能照明系统采用软启动的方式，能控制电网冲击电压和浪涌电压，使灯丝免受热冲击，灯具寿命得到延长。智能照明系统通常能使灯具寿命延长 2～4 倍，不仅节省大量灯具，而且大大减少更换灯具的工作量，有效降低了照明系统的运行费用。

3）节约电能。通过智能照明系统的智能化管理控制，充分利用自然光，避免长明灯现象出现，使得整个照明系统节电可达到 15％～25％。

4.3.2.2 空调系统节能

1. 风机盘管联网管理节能控制

风机盘管的节能长期以来是建筑设备监控系统的一个盲区，没有得到重视，通过风机盘管的温度、风量和开启时间的调节，可以直接影响空调主机和盘管的能耗，具有非常大的节能潜力。

（1）节能思路。

中央空调节能控制的空间主要来源于空调设计时的设计余量及实际使用与满负荷之间的差值。如果采用非联网型的温控面板，一般情况下，办公人员为了最快获得舒适感，会将盘管的风量调到最大、制冷（制热）温度调到最低（最高），且不会轻易去主动调节面板以降低能耗。每个风机盘管都按照最大值进行运行，则整体负荷巨大，主机负荷始终处于最大值，在这种情况下，主机节能系统最大的节能空间仅仅是中央空调的设计余量。

通过中央空调风机盘管联网控制系统，采用带有定时设置、温度设置、风量设置、温度传感和权限设置功能的联网型温控面板，可实时感知室内的当前状态，然后根据策略自动控制风机盘管的电磁阀等，实现自动调节、自动控制功能。

首先，通过联网自动控制，可以有效地降低盘管系统的冷热能输出，最终降低主机的负荷，为空调主机节能控制带来节能空间。其次，通过对风机盘管的联网控制，可以通过网络实现风机盘管的开关控制，可杜绝"非工作时间长期开启"和温度设置长期不合理的种种状况。再次，通过风机盘管的联网，对中央空调按照实际使用情况进行计量，可为能耗的分摊提供一种先进的方法和手段，进而为管理和能源节约带来一定的推动作用。配合适当的权限管控策略，并根据控制策略在适当的情况（假期、下班后）下自动关闭末端风机盘管，进一步减少能源浪费，降低系统能耗。

（2）节能措施。

采用联网型盘管温控面板，温控面板通过 modbus 或 lonworks 等协议以总线形式连接，接入到网关，网关接入到该项目的设备网网络系统和管理主机通信，组建风机盘管联网管理控制系统。系统包括对风机盘管的远程设置、远程控制、远程托管、本地控制及自适应控制。通过计算机软件系统，可实时监控每个风机盘管的状态，为风机盘管的管理控制提供先进的技术手段。联网型温控面板网络系统如图 4-120 所示。

（3）节能效果。

风机盘管联网控制系统主要通过管理的手段，实现在不改变空调使用舒适度的情况

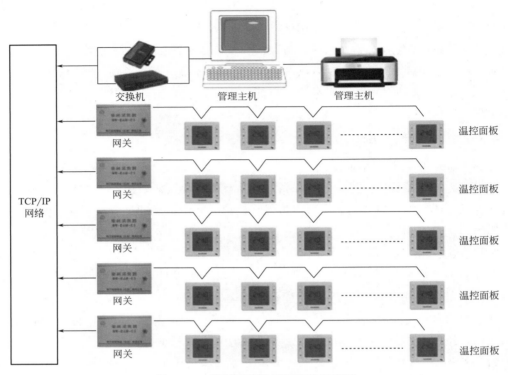

图 4-120　联网型温控面板网络系统图

下，实现管理节能并通过管理调节的手段，降低中央空调主机的负荷，进而为主机节能系统加大节能空间。

在制冷工况时，空调的设定值每增加 1℃ 时能耗会下降 8％；在制热工况时，空调的设定值每减少 1℃ 时能耗会下降 12％。通过风机盘管系统的管理控制，可大大地降低空调系统的负荷，提升节能的效果，可为空调系统带来 20％～30％ 的节能提升。

4.3.2.3　能耗监测系统节能应用

1. 节能思路

没有建筑物各个区位和时间段的能耗数据，就难以找到提高能源使用效率的管井环节。节能措施可能因此而收效甚微，或只在一开始有效但随着时间推移效用随之下降，没有足够数据支撑，管理人员也难以察觉到设备用能机制中的重大漏洞。没有明晰的数据，能耗使用趋势就难以进行计算，能源使用行为可能会和企业的利益相违背。

传统的能耗管理系统，一般只要求满足能耗监测和能耗数据上传的功能，系统流程如图 4-121 所示。

这种能耗管理模式是一种用于满足国家和地方政策规范的开环管理模式，只知道建筑消耗了多少能源，不能为建筑运行管理提供有针对性的节能管理策略。

设计考虑到该项目存在公寓、外租办公和自用办公等多种业态的实际情况，采用传统的开环式能耗管理系统已经不能满足物业管理要求。因此，设计方考虑将能耗计量、能耗监测、能耗收费、节能运行、节能展示等功能融合为一个整体，分别面向该项目的 A 栋公寓租户、B 栋办公楼租户、裙楼商业租户和物业运营管理单位等多类用户提供服务，形成一套闭环的管理系统。系统流程如图 4-122 所示。

图 4-121　开环能耗管理系统流程图　　　　　图 4-122　闭环能耗管理系统流程图

2. 功能应用

（1）电能耗计量监测功能。电能耗计量监测采用电表采集电能的数据，在需要计量收费和监测的区域设计安装电表。

1）总用电量计量：在每台变压器低压干线处安装数字电能表，对总的用电量进行计量。

2）分户计量：在 A 栋公寓、B 栋办公楼裙楼商业和食堂等末端用户设置数字电表进行分户计量。

3）分层计量：C 栋办公楼为自用办公为主，在楼层普通照明配电箱、楼层公共照明配电箱和楼层空调配电箱设置数字电表进行分层计量。

4）分类分项计量监测：照明、插座系统电耗（照明和插座用电、走廊和应急照明用电、室外景观照明用电）。空调系统电耗（空调机房用电、空调末端用电）。动力系统电耗（电梯用电、水泵用电、通风机用电）。特殊电耗（弱电机房、消防控制室、厨房餐厅等其他特殊用电）。

（2）水能耗计量监测功能。水能耗计量监测采用水表采集水能的数据，在需要计量收费和监测的区域设计安装水表。

（3）根据项目对水表计量收费和监测的要求，需要计量监测的区域如下：

1）总用水量：在园区给水干管设置数字流量表计量。

2）餐厅厨房用水：在餐厅、厨房给水管设置数字流量表计量。

3）洗手间用水：在楼层洗手间给水管设置数字流量表计量。

4）分户计量：在 A 栋公寓、B 栋办公楼裙楼商业和食堂等末端用户设置数字流量表进行分户计量。

5）空调系统用水：在空调系统给水管设置数字流量表计量。

（4）空调能耗计量监测功能。

1）集中计量：供回水管上安装能量表，计量使用的冷热量。

2）末端计量：每户的风机盘管安装智能温控器，计量风机盘管使用的当量时间。

（5）能耗审计考核：该项目 C 栋办公楼为业主自持，各个部门分楼层、分区域独立办公。能耗管理系统分析能耗情况，将能源消耗分摊到各个部门、个人，实现能耗考核，促进管理方面的主动节能。系统检测能源收费是否准确，把承担能源成本的责任分配到适当的层次，能激励用户积极地管理能源，从而减少整个建筑的能源费用。

（6）节能管控功能：能耗管理系统可有效地监控各个单位的能耗状况，避免非正常上班时间的能耗浪费，节约能源，给使用单位提供能源控制、管理方面的决策依据。通过分析软件进行对比计算，预测未来趋势，加强识别节能环节、评价行动效果的能力。例如当空调的热量消耗达到预设值后，通过楼宇自控接口，监测风机盘管和 BA 设备的运行状态，减小送风量和提高或降低送风/回风温度。当设备终端的能源累积量达到系统设定的值时，系统可以自动对风机盘管发送关机命令，并且关闭盘管的控制面板远程控制。

3. 节能效果

通过能耗监测系统的监测、管理和考核，可以为整个建筑节约 15% 左右的总体能耗。

4.3.2.4　精细化、智慧化管理

以建筑基础设施信息为基础，运用 IBMS＋物联网等技术，实现建筑由粗放式管理向数字化、精细化管理的转型。通过赋予建筑自我"感知、认知、预知"的能力，从而创造更大的经济与社会价值。实现跨系统联动功能如图 4-123 所示。

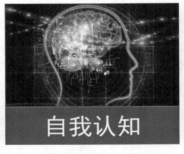

图 4-123　实现跨系统联动功能

在出现重要报警、重大活动、突发事件等情况时，实现消防、安防、运营、设备管理等系统联动，确保建筑的安全运营；建立风险监测、应急预案、应急处置及应急演练为一体的应急综合指挥模式，高效快速对应急事件进行处置。

4.3.2.5　物业管理的 BIM 可视化

通过 BIM 模型展示建筑构件、机电设备的几何信息（外观、位置）并管理各类运营信息（智能化监测信息、运营管理信息等）。

空调机组管理的 BIM 可视化如图 4-124 所示，给水排水设施管理的 BIM 可视化如图 4-125 所示。

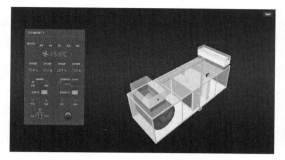

图 4-124 空调机组管理的 BIM 可视化

图 4-125 给水排水设施管理的 BIM 可视化

4.3.2.6 各子系统的建设情况总结

1. 园区智能化设备机房＋建科院数据中心机房

按照高于国家标准《数据中心设计规范》GB 50174—2017 中 B 类数据中心的建设要求，创意总部大厦两个数据中心充分考虑了机房防雷、防水、防鼠、气体消防。使用模块化数据中心解决方案，采用一体化集成理念，产品模块集成了供配电系统、UPS 系统、精密空调系统，封闭通道系统、动力环境监控系统；它具有安装方便，现场实现积木式快速拼装，缩短安装时间；隔离送风和回风线路，解决气流交叉和短路问题；提高精密空调回风问题，提高精密空调的制冷效果和效率；使用方便，只需接入网络和强电即可使用；此外，微模块不影响周围其他的数据中心基础设施，具有更大的灵活性，扩展方便，逐个扩容，节约投资等优点。

（1）B 栋园区智能化设备机房及调度指挥中心。

设置在 B 栋四层，建筑面积约 120m²，划分为智能化设备机房、调度指挥中心两个核心功能区域，智能化设备机房面积约 49m²，调度指挥中心面积约 71m²，建筑层高为 4.5m。按 B 级机房标准设计。

亮点总结：

设备机房采用微模块设计，共设 18 台标准机柜，其中一体化配电列头柜 1 台、精密空调柜 2 台、机房环境监控柜 1 台、IT 网络柜 14 台。

设备机房采用独立的封闭式冷通道设计，采用两台制冷量 42kW 风冷列间机房空调精密制冷、恒温恒湿。

UPS 供电、配电系统全功率链智慧融合，提升系统可管理性和可靠性。

建设独立的机房动力及环境监控系统。

本地及远程可视化界面，实现设备可视化管理。

（2）建科院数据中心机房。

设置在 C 栋三层，建筑面积约 97m²，划分为设备机房、操作室、UPS 电池间等区域，按 B 级机房标准设计。

机房设备区采用微模块设计，该期建设 1 组冷通道（14 台 IT 柜），预留 1 组冷通道后期扩容区域。

B、C 栋机房平面图如图 4-126 所示。

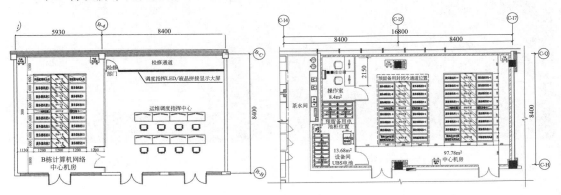

图 4-126 B、C 栋机房平面图

（3）UPS 供配电系统。

供配电系统是基础设施核心子系统，该项目供配电系统架构参照国标 B 级系统配置：采用高频模块化 UPS 冗余结构设计，如图 4-127 所示。

市电 ATS 进线柜输入至一体化 UPS 主机，UPS 主机输出至精密配电单元供 IT 负载，同时市电输出分路供市电供电及精密空调供电。本次共计配置 3 个 40kVA 功率模块，UPS 总容量 120kVA（功率模块 2＋1 冗余）。

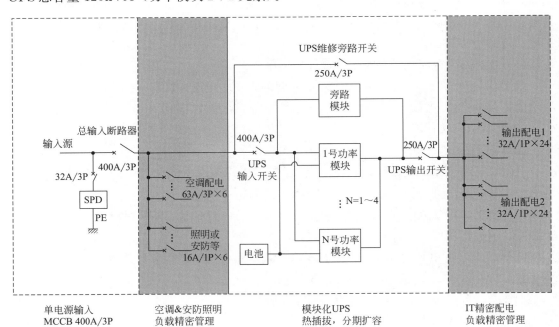

图 4-127 供配电系统

1）配电智能化：器件级监控和双向通信，系统链路监控界面统一。

2）设备可视化：直观显示系统工作状况，动态呈现系统工作状态。智能配电单元如 ATS、IT 配电、空调配电等开关状态、电压、电流、功率因数、电流谐波含量、用电量皆可视。

3）工程产品化：供配电产品组合的标准化，内部电气和通信连接的标准化。

（4）精密制冷系统。

精密制冷系统是基础设施核心子系统，该项目精密制冷系统采用风冷行间空调内置于封闭微模块。

该项目每个微模块内选用两台制冷量 42kW 风冷列间空调，满足机房内的制冷需求。全变频技术实现制冷高效率运转，自动负载均衡。

高制冷能效：创意大厦机房制冷系统采用风冷行级精密空调＋密封通道的制冷方式，风冷行级精密空调和设备机柜共同组成密封通道，实现冷热空气隔离，温度智能调节。提高了精准智能，减少能耗。

智能控制：减少人工对系统的干预，系统自诊断、快速维修，系统自学习群控节能。

（5）动力环境监控系统。

管理系统由管理软件和若干部件组成，共同实现智能微模块各环节、各基础设施的数据采集与管理。

动力环境监控系统提供微模块内部设备的实时状态、告警信息和配置信息进行管理，提供可视化界面，方便用户运维微模块内部设备。

动力环境监控系统可实现微模块内的设备管理，模块内可通过本地 PAD 监控模块内设备信息，PAD 支持无线接入数据机房管理系统。通过 APP 可对数据机房设备和环境参数进行实时监测。嵌入式动环监控系统可实现对微模块内供配电、UPS、空调、温度、湿度、漏水检测、烟雾、视频、门禁等设备的不间断监控，发现部件故障或参数异常，及时采取颜色、E-mail 和声音告警等多种报警方式，记录历史数据和报警事件。

动环监控系统智能化地提高数据中心的运维，管理员可及时、智能地了解数据中心的运行状况，预防了事故的发生，自动记录了历史数据。相比传统的人工巡查大大提高了工作效率。

2. 网络建设总结

（1）B 栋网络介绍。

B 栋计算机网络设置智能设备网（内网）和无线网络（外网）两套网络，其中智能设备网用于物业运营所必需的各个楼宇基础系统（视频监控、门禁管理、停车场管理、信息发布、能源管理、智能照明和楼宇自控等系统）的传输，外网用于室内无线 WIFI 的传输。

B 栋外网采用 IP 组网方式，主要承载无线网络，网络架构采用核心和接入两层组网架构，核心交换机部署在 B 栋 4 楼机房，上联通过万兆光纤连接到 C 栋核心交换机；接入层交换机采用支持 POE 供电交换机，为无线 AP 提供电源供电和数据传输。在 B 栋核心交换机上配置无线 AP 管理功能，用于管理、配置 B 栋无线 AP，另外部署一套网络管理系统和认证系统，对 B 栋网络设备进行管理以及对网络接入用户进行用户认证。

B 栋外网网络整体拓扑如图 4-128 所示，B 栋设备网网络拓扑如图 4-129 所示，设备网所需设备清单详见表 4-9。

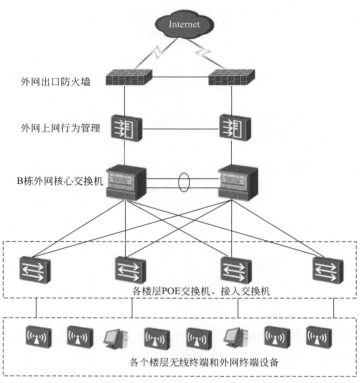

注：根据点位描述统计B栋外网需
　　24口POE接入交换机8台
　　12口POE接入交换机1台

图 4-128　B栋外网网络整体拓扑图

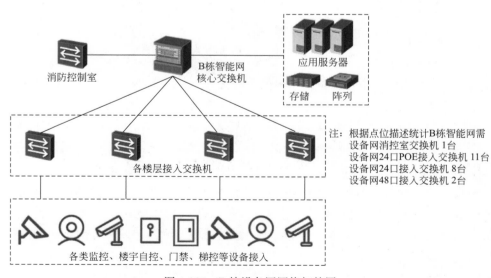

注：根据点位描述统计B栋智能网需
　　设备网消控室交换机 1台
　　设备网24口POE接入交换机 11台
　　设备网24口接入交换机 8台
　　设备网48口接入交换机 2台

图 4-129　B栋设备网网络拓扑图

B栋设备网所需设备清单汇总　　　　　　　　表 4-9

序号	设备名称	单位	数量
1	B栋设备网核心交换机	台	1
2	B栋设备网消控室交换机	台	1
3	B栋设备网24口POE接入交换机	台	11
4	B栋设备网24口接入交换机	台	8
5	B栋设备网48口接入交换机	台	2
6	设备网万兆光模块	个	4
7	设备网千兆光模块	个	44

C栋外网设备清单汇总　　　　　　　　表 4-10

序号	设备名称	单位	数量
1	C栋外网核心交换机（含无线控制器）	台	2
2	C栋外网12口交换机	台	14
3	C栋外网12口POE接入交换机	台	4
4	C栋外网24口接入交换机	台	10
5	C栋外网48口接入交换机	台	3
6	C栋外网24口POE接入交换机	台	112
7	C栋无线吸顶AP	台	5
8	C栋高密吸顶AP	台	18
9	C栋面板AP	个	68
10	外网千兆光模块	个	64
11	外网万兆光模块	台	2

亮点总结：

两套网络物理隔离，采用核心＋接入两层网络架构，万兆主干，千兆交换至桌面。

网络具有高带宽、高性能、高可靠、高安全的特性，可靠保障大楼物业管理和日常办公系统的稳定运行。

（2）C栋网络介绍。

C栋计算机网络设置智能设备网、办公内网、办公外网三套网络，其中智能设备网用于各个楼宇基础系统的传输，办公内网满足建科院内部办公自动化系统的传输应用，外网实现对外生产办公和楼内无线网络对互联网的接入，详见表4-10。

网络分为外网、内网和设备网三张网络，各张网络之间物理隔离，保证各个网络的安全性和独立性。各网络主要的业务承载如下：

设备网业务流包括视频监控、楼宇自控、门禁控制和电梯控制，主要访问流向指向监控中心和服务存储区，监控视频流量对时延和带宽较为敏感，要求设备支持高可靠性和高带宽，接入交换机保证低时延。

C栋外网网络整体拓扑图如图4-130所示，C栋设备网网络拓扑如图4-131所示，C

栋外网设备清单见表 4-10。

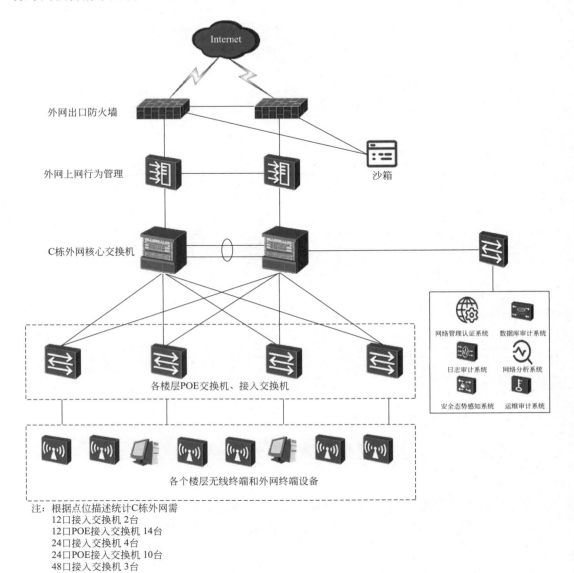

注：根据点位描述统计C栋外网需
12口接入交换机 2台
12口POE接入交换机 14台
24口接入交换机 4台
24口POE接入交换机 10台
48口接入交换机 3台

图 4-130　C栋外网网络整体拓扑图

亮点总结：

外网、内网和设备网 3 套网络物理隔离，采用核心＋接入两层网络架构，双核心，双链路接入，双万兆主干，千兆交换至桌面。

关键节点都有冗余设计，避免单点故障造成的网络故障，网络具有高带宽、高性能、高可靠、高安全的特性，可靠保障大楼基础设施运营和办公自动化系统的稳定运行。

无线网络采用瘦 AP（FIT）＋无线控制器部署方案组网，既可以减少各个 AP 间存在的干扰，保障 AP 的稳定运行，又极大地减少了无线网络后期维护和管理的工作量。用户能在各无线接入点实现漫游，自动切换。

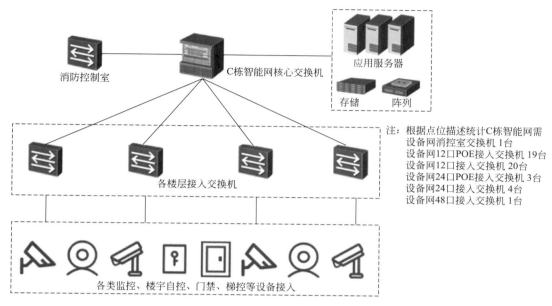

注：根据点位描述统计C栋智能网需
设备网消控室交换机 1台
设备网12口POE接入交换机 19台
设备网12口接入交换机 20台
设备网24口POE接入交换机 3台
设备网24口接入交换机 4台
设备网48口接入交换机 1台

图 4-131　C栋设备网网络拓扑图

网络虚拟化设计：就是把物理的多台交换机连接在一起，对外表现为一台逻辑的交换机，提供网络服务。简化管理和配置，快速的故障收敛，采用链路 Trunk 的方式，带宽利用率高。扩容方便，保护投资。

克服传统有线无线一体化组网不能共用设备能力，资源浪费的弊端。有线和无线可以统一在核心交换机进行管理和控制，实现了真正的有线无线深度融合。

网络进行身份认证，保障网络的安全，可通过策略对不同用户不同的需求进行网络资源管理，提高网络资源的利用有效率。

（3）三网融合光纤接入系统。

A、B栋的通信接入均采用三网融合光纤接入系统，实现 A 栋 244 户、B 栋 349 户的全光纤到户接入；在两栋大楼的每个楼层均设置独立的分纤箱。通过主干光缆连接设在 B 栋地下一层的电信机房，实现与电信运营商的连接，提供中国电信、中国移动、中国联通、有线电视等各大运营商的通信接入服务。三网融合的方式最大的好处是能使出租灵活分配与划分网络资源，使出租与运营更便捷。

3. 综合布线系统

B 栋、C 栋均建设大楼综合布线系统，为大楼设备网、内网、外网的计算机网络系统提供物理支撑，实现语音、数据、图像和多媒体信号的传输。

B 栋信息点数量：设备网 660 个。

C 栋信息点数量：内网 2007 个，外网 934 个，设备网 425 个。

亮点总结：

（1）采用星型拓扑布线结构和结构化布线方式，使布线系统具备高度的灵活性、开放性和扩展性。

（2）主干采用万兆光缆，水平布线和工作区采用全六类标准，支持千兆到桌面的传输。

4. 视频监控系统

视频监控系统用全数字视频监控系统，实现对整个室内及室外区域实时视频监控和视频智能分析功能，前端摄像机采用网络 POE 供电方式。在大楼内和室外的不同区域分别采用半球、枪机、球机、枪球一体机的组合方式布设前端摄像机。

创意大厦共计摄像机 422 台，其中 B 栋室内 222 台，C 栋室内 170 台，室外 30 台。视频监控中心设在 B 栋一层消控中心，监控中心部署视频监控综合管理平台和 4m×3m 电视墙。存储服务器部署在 B 栋 4 楼数据中心，所有监控点实行 7 天×24h 全实时监控，录像保存时长不低于 30 天，重要区域录像保存时长不低于 90 天。

亮点总结：

（1）采用全数字监控系统，网络 POE 供电，大大减少了前端设备布线工作量。

（2）采用前端部署普通摄像机，后台采用 AI 智能分析平台的智能组网方案，相对于前端全部采用智能摄像机的方案，既有效节省了前期投入，又方便以后对综合管理后台功能的丰富和扩展。

（3）基本实现全方面无死角覆盖，前端摄像机全部采用普通高清摄像机，AI 智能分析中台同时人脸识别，智能行为分析等新技术智能应用，提升视频监控能力，打造立体式安防管理体系。

5. 人行通道闸机和门禁管理系统

B 栋大堂在电梯前室的人行进出口设立计 4 通道智能通道闸机系统（3 个标准通道、1 个无障碍宽通道）。

C 栋大堂电梯前室的人行进出口设立计 5 通道智能通道闸机系统（4 个标准通道、1 个无障碍宽通道），每个通道支持双向（进和出）的人脸识别、二维码、IC 卡三种身份认证方式，用于控制人员出，使入口人流有序地进入大楼，同时对进出人员信息和出入时间进行记录，对进入人员全过程进行图像抓取和时间记录。

B、C 栋大堂服务台处各设置访客预约身份认证一体机。

B 栋在裙楼的公共出入口、地下室电梯厅出入口、设备机房、会议室等重要部位设置门禁点。

C 栋在设备机房、财务室、档案室、盖章室、会议室等区域设立门禁点。

局域网 VPN 专网结构如图 4-132 所示。

一卡通服务器支持本地及云端架设，实现本地服务器接通互联网手机移动端。云服务结构如图 4-133 所示。

亮点总结：

（1）大堂服务台处设置访客登记管理系统，可通过 KeyFreeAPP 邀请授权访客开门。在有效期内，访客可通过微信小程序进行开门。

（2）系统具备：人脸认证授权、身份证认证授权、IC 卡认证授权、二维码授权。

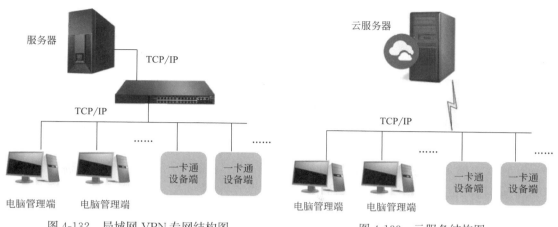

图 4-132　局域网 VPN 专网结构图　　　　图 4-133　云服务结构图

（3）人行通道闸、门禁、访客预约共享一个后台管理系统，一次授权，根据不同的授权等级通行大楼所有门禁点，与访客预约系统进行联动。

（4）智能的状态显示及预警：智能门锁内置门状态传感器，检测门是否已正常关闭，当检测到未关、门虚掩时，会发生报警，并将报警事件实时上传到管理平台。管理平台的数据监控可视化平台实时显示各房门的状态，对异常报警、暴力开门，有明显的告警提示信息。同时相应的管理人员的手机 KeyFreeAPP 上，将收到实时推送的门未关报警消息。

（5）智能联动：门禁系统、温控系统可同时可扩展接入火警开关与水控、电控设备联动，室内温度过高预警或出现火警水警，系统处于自动开门状态。特殊情况下有紧急按钮开门和电脑远程开门功能。

6. 智能停车管理系统

B 栋在室外南出入口、东出入口各设立一套一进一出停车场道闸。

C 栋在室外北出入口设立一套一进一出停车场道闸。

系统采用全视频智慧停车场管理系统，使用基于视频识别的免取卡方式，支持多种主流的收费方式，实现无人值守的从车辆快速进场、快速停车、快速缴费等一系列完整的、全自动化的功能。

（1）车辆进场管理：车辆驶进入口相机抓拍区域或触发地感线圈，车牌识别仪视频流抓拍车辆图片，识别车牌，并上传识别结果和车辆图片信息。与数据库比对车牌信息，判断车辆权限，显示屏上显示车牌等信息并语音播报。长期用户不停车放行，临时用户按事先设置的收费规则放行计费。

（2）车辆出场管理：车辆行驶到出口处的相机抓拍区域或触发地感线圈，车牌识别仪视频流抓拍车辆图片，识别车牌，并上传识别结果和车辆图片信息；系统查阅数据库，自动调阅车辆进场信息，图像比对，相机屏一体机的显示屏上显示车牌、车辆类型、停车时长和收费金额等信息；长期用户不停车放行，临时用户缴费放行，收费完成语音播报。

（3）统一的平台化管理，所有数据实时存入数据库，有效统计车流大小、车位使用率、收费金额等信息，并可通过软件导出报表。

（4）云端值守中心是整个无人值守停车场管理系统的核心基础，依托于系统云服务，主要为日常停车场的管理提供远程协助基础服务，可实时接收处理停车场的异常事件，保障停车场进出口的快速通行，实现停车场无人化管理。

7. 信息发布系统

信息发布系统分为公共区 LCD 屏发布和 LED 大屏幕发布。

在 B 栋、C 栋电梯候梯厅预留 LCD 发布屏线缆。

B 栋在一楼大堂布置四块 LED 全彩图文屏，三楼报告厅设立一块 LED 屏。

C 栋在一楼大堂设立一块 LED 屏，在三楼大报告厅设立一块 LED 屏，阶梯教室利用一块原建科院 LED 屏，实时信息发布，并且可以通过网络连接，显示网络数据信息。

视频播放：兼容 DVI、VGA、PAL、NTSC、电视信号兼容 SDTV 及 HDTV 信号，在显示视频信息的同时，能同步播放音频信息，可实现多路视频、音频信号同步切换，可以播放 AVI、MOV、MPG、DAT、VOB 等多种文件格式。支持 DVI-D、SDI、复合视频、YCrCb 和 S-VIDEO 端子等各种输入方式，采用 Line-Double 功能将交错画面转换为非交错画面，进行移动补偿。

字/图形/信息发布功能：具有丰富的播放方式，显示滚动信息、通知、标语口号等，存储数据信息容量大。可以显示各种计算机信息/图形/图画及二、三维动画等。播出方式有单行左移、多行上移、左右滚动、上下滚动、左右推、上下堆、旋转、缩放、淡入淡出等二十种以上方式。

信息发布系统如图 4-134 所示。

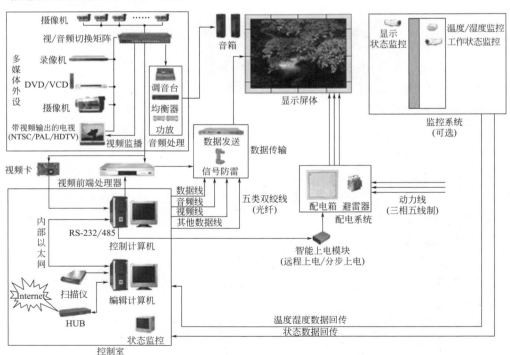

图 4-134　信息发布系统

8. 智能会议系统

（1）C栋各会议室功能配置。

根据各个会议室的使用用途，分别配置相应的会议灯光、专业扩声、视频显示、数字发言、集中控制、会议录播以及无纸化办公等系统。

（2）重要会议室建设情况。

阶梯培训室会议系统如图 4-135 所示，c21-40m² 会议室会议系统如图 4-136 所示。

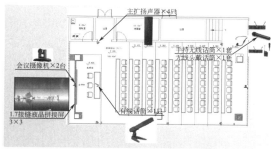

图 4-135　阶梯培训室会议系统

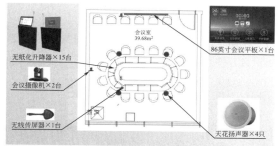

图 4-136　c21-40m² 会议室会议系统

（3）亮点总结。

1）会议预约系统：会议预约系统能实现在线会议室管理、会议申请、会议审核、会议发表、会议通知、会议签到、会议统计、信息发布等功能。

2）分布式系统：实现多会议室互联互通及开关控制。

3）无纸化会议系统：重点会议室实现全程无纸化。无纸化会议系统主要由服务器、升降一体终端、投影申请器等设备组成。实现会议通知的发放→会议室的预订→参会人员会议签到→会议资料的上传、讨论→会议结果的行文→会议文件的存储→会议文件的下发全部实现无纸化传输。

4）中控系统：现场环境（音视频、灯光、窗帘）信号的集中控制。

5）学术交流中心会议系统：灯光系统。

9. 智能照明控制系统

智能照明系统主要对大楼公共区域、公共走道、电梯厅等区域的灯光进行集中控制及管理。

其中一～四层公共过道，采用人体存在感应探测器触发，通过墙面的场景控制面板控制各个回路的灯具的开关，通过灯具的不同回路组合实现照明亮度控制。

大堂、报告厅、重要会议室等采用 0～10V 的调光控制方式，渐变平滑控制灯光的亮度和色温。

其他公共走道，采用开关控制方式调光。

亮点总结：

总线式结构，分散布置，能将建筑物内所有照明回路及电动设备集中控制、管理及监控的一套智能系统，它可以独立运行，并有一套独立的控制协议。

管理维护方便，并可延长光源的使用寿命。

智能照明具有良好的节能效果，具有较高的经济回报。

10. 信息安全系统

网络安全建设，基于《信息安全技术 网络安全等级保护基本要求》GB/T 22239—2019、《信息安全技术 网络安全等级保护测评要求》GB/T 28448—2019、《信息安全技术 网络安全等级保护设计要求》GB/T 25070—2019 等标准规范，打造安全可靠的网络与信息化设施、确保单位所发布的信息合法合规，使网络处于安全、稳定、可靠运行的状态。

在深入结合自身适应安全防护模型基础上，结合业界人工智能（AI）、威胁情报、安全云服务、终端检测响应 EDR 等技术发展趋势，提出"融合安全、立体保护"的下一代安全架构，该架构的核心便是建立"云端、边界、端点"＋"安全感知"的立体联动防御机制。

（1）防御能力：通过一系列策略、产品和服务可以用于防御攻击。这方面的关键目标是通过减少被攻击面来提升攻击门槛，并在受影响前拦截攻击动作。

（2）检测能力：用于发现那些逃过防御网络的攻击。该方面的关键目标是降低威胁造成的"停摆时间"以及其他潜在的损失。检测能力非常关键，因为企业应该假设自己已处在被攻击状态中。

（3）响应能力：系统一旦检测到入侵，响应系统就开始工作，进行事件处理。响应包括紧急响应和恢复处理，恢复处理又包括系统恢复和信息恢复。

（4）预测能力：使安全系统可从外部监控下的黑客行动中学习，以主动锁定对现有系统和信息具有威胁的新型攻击，并对漏洞划定优先级和定位。该情报将反馈到预防和检测功能，从而构成整个处理流程的闭环。

建立了统一的身份认证系统，用户使用公司的系统基本上都是一套用户名密码，实现单点登录。大幅的提升用户体验感，用户不需要记忆各种不同系统的不同密码。也极大的减少了系统用户的维护，管理员只要维护一套用户账号。

11. 能源管理及建筑能效监测系统

（1）能源管理建设情况。

根据长沙市人民政府办公厅发布的：《关于印发长沙市民用建筑节能和绿色建筑管理办法的通知》（长政办发〔2017〕53 号）的文件要求（建筑面积在 10000m² 以上的公共建筑必须委托相关单位设计并建设能耗监测数据采集系统，该系统的验收资料作为节能专项验收备案必备资料之一），并严格按照《国家机关办公建筑和大型公共建筑能耗监测系统》导则规范。为确保该"创意总部大厦"项目符合国家政策并且该项目能耗得到实时的监测和管理，建立一套符合国家标准的能耗监测系统势在必行。能耗监测系统将使建筑节能管理工作在能力建设和制度建设上取得全面突破，为建筑用能计量、统计分析、管理体系的建设搭建能效管理数字化平台，实现用能数据的公开化、透明化，实现用能定额管理和无成本低成本节能管理，建立科学的节能管理制度体系。

能源管理系统对大楼内的水表、电表进行数据采集、实时监测，实现分时段计量、能源消耗统计、告警分析、统计分析、报表管理、公共区域费用分摊、收费管理、数据查询、数据分析等功能。

能耗监测系统主要把建筑总能耗及分析数据实时上传长沙市建筑能耗监测平台，并在市级数据中心软件平台上进行建筑基础信息录入和分项模型的建立，完成监测系统调试，实现监测数据实时上传至数据中心。

B栋、C栋分别设立两套独立的能源管理及能耗监测系统。

分项计量数据采集原则及能耗：分项、分类能耗数据采集指标中，电量应分为4项分项能耗数据采集指标，包括照明插座用电、空调用电、动力用电和特殊用电。

能源管理项目实施流程如图4-137所示。

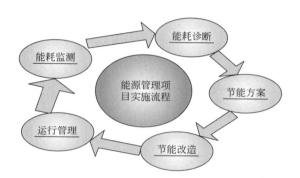

序号	配电间	进线	出线
1	A、B栋配电房	3	108
2	C栋配电房	3	45
3	总数合计	6	153
4	能耗监测合计	6	153

图4-137 能源管理项目实施流程

（2）亮点总结。

同一套平台，实现两个目的：对内实现建筑内部实行能源管理；对外进行建筑能耗的监测，实现建筑能耗采集、能效测评、能耗统计、能耗审计、能效公示、用能定额、节能服务等各项重要工作。

配电室监测的回路电能表通过总线连接至能耗数据采集器，采集器对实时电能数据实时上传到长沙市能耗监测中心。

总给水水表进行数据采集；能耗数据采集器对该项目的总用水量进行实时能耗监测，能耗分项采集器将该项目采集到的用水数据实时上传到长沙市建筑能耗监测中心。

能耗检测系统平台：对建筑整体用能耗情况的了解，可以通过在电量监测模块中的总体用能情况了解到每个时间段的总体用能，并可通过柱状分析图清晰地查看一段时间的总体用能情况，如果哪天的用能特别高于或低于平均水平，肯定是用能出现了问题，我们可以通过更细致的查询来发现用能问题，比如什么设备、哪个区域的能耗异常，方便及时发现问题，解决问题。

12. 建筑设备自动监控系统

本BAS系统监控的子系统主要包括：换热站、空调系统、送排风系统、给水排水系统、室内环境监测等，对各个子系统的工作程序、工作参数、启停状态、故障情况等自动进行监测、控制以达到最优化控制的目的。

（1）建筑设备自动监控系统监控点位共计1296个，其中B栋611个，C栋685个。

亮点总结：

系统采用两级架构，管理传输层建立在 100m 以太网络上，采用星形连接方式，以综合布线为物理链路，通过标准 BACnet/IP 通信协议高速通信，进行信息的交换处理。控制层采用总线拓扑结构实现各个 DDC 之间、DDC 与网络控制器之间以及它们与接口设备的数据通信。

系统可收集、记录、保存有关系统的重要信息及数据，做到一体化管理，达到提高运行效率、保证办公环境需要、节省能源、节省人力的效果，最大限度安全地延长设备寿命的目的。

BAS 系统应实现人员与设备的直接互动式管理、精确而人性化的节能运营模式、数据库共享和现场总线层面的通信集成。

向上可与中央集成管理平台完成功能集成和信息共享。

对耗能大户中央空调、新风自动控制确保温度湿度合理，避免夏季过冷、冬季过热的浪费能源现象。通过对冷热源机组进行检测，计算每台冷机组、冷冻水泵、冷却水泵自动优化启动，延长使用寿命。通过对给水排水系统的监测水泵与水箱、水池的水位状态进行联动，避免浪费。

（2）数字精准用电系统（B 栋 4 层试点）。

数字精准用电系统运用物联网技术，通过智能微断开关搭建大楼智慧用电安全管理系统平台，实现每条用电回路进行实时独立监测与控制，实现大楼用电安全管理、用电统计与计量、远程监测与控制功能。

亮点总结：

全面保护，实时监测。采用智慧微型断路器，监测与处理漏电、短路、过流、过载、打火、过压、欠压、雷击浪涌、过温等电气故障，对用电系统安全实现全面的保护。

明晰各种用电数据，让用电有据可依：可以分时段精确查询各用电回路的报警记录、历史电压数据、历史负载数据，为用电安全管理人员提供清晰、精确的第一手资料。

可详细划分各层管理权限进行单位用电节能管理。

依靠远程管理，对单位用电的规划设计、日常巡查、维修管理等进行网络化、精细化、规范化、日常化管理，改变传统的人工巡查模式，减少管护人员、巡查次数，对管辖的用电设施实现智能监控、筛选，定位用电线路故障，及时发现用电线路老化、短路等问题，大大减轻维护人员的劳动强度，并有效降低维护成本。

4.3.2.7　示范实施成效与成果

1. 成效

（1）经济效益。

智能照明系统通过对公共区域及办公室照明设备进行智能控制，预计此部分达到节电率 15%～25%。建筑设备监控系统通过对暖通空调系统的设备管理，达到降低能耗的目的，预计此部分降低空调系统能耗 20%～25%。能耗监测系统通过监测、管理和考核，预计可以为整个建筑节约 15% 的总体能耗。

综合计算，由于智慧建筑系统的投入运行，该项目预计可以减少 35% 左右的总体能耗。

据有关资料统计，智慧建筑中智能系统的投资回收期为 5 年左右，远远低于建筑中的其他部分；智慧建筑的运行费和能耗比常规建筑低 30%～45%，而售房率和出租率比常规建筑高出 15%。智慧建筑的应用是节省成本的策略，使用了建筑的智能化体系，可增加功能、改善服务、提高效益及降低成本。

（2）环境效益。

外部环境方面，智慧建筑系统的投入运行，该项目预计可以减少 35% 左右的总体能耗，可以减少该项目运行期 35% 左右的碳排放量，具有重大的环境效益。

建筑内部环境方面，智慧建筑系统通过自动控制空调、照明等机电设备，可为人们提供安全舒适的办公环境，智慧建筑提供的先进的通信系统可以提高办公效率。

（3）社会效益。

该项目智慧建筑系统的建设，给本地智慧建筑和绿色建筑的建设产生了积极的示范效应，从而在整体上有利于地区乃至国内建筑业的科技进步。

该项目智慧建筑系统的建设和运营过程中，可形成大量的节能研究成果，这些成果对于同类建筑的节能策略的定制和执行具有重要的启发作用。

该项目智慧建筑系统的建设，可以和马栏山视频文创产业园的智慧园区系统有机结合。这对建立和完善片区的城市现代化管理体系，促进园区的发展，具有重要的推动作用。

2. 成果

智慧建筑云中枢管控平台包含了智能化和信息化各类子系统，分为六大板块：物业服务管理、设备设施运维、能耗监测管理、建筑运行管理、智脑运营管理、数字孪生建筑。

系统主界面要求能直观展示日常管理最需要关注的信息。本次研究将水、电消耗和碳排放量等建筑能耗信息，室内温度、湿度、二氧化碳浓度、PM2.5 等环境信息，消防报警、安防报警和设备报警等系统运维信息放置在系统总览界面，方便运营管理。

能耗监测界面可以直观显示建筑的水、电和燃气的消耗情况，包括年度总能耗、月度能耗、分区能耗等信息。同时支持能耗 KPI 考核管理，可以对各部门的能耗进行考核排名。系统首页成果展示和系统能耗管理成本如图 4-138 和图 4-139 所示。

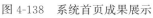

图 4-138　系统首页成果展示

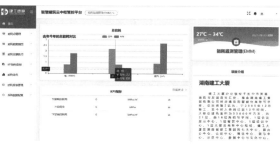

图 4-139　系统能耗管理成本

设施管理是建筑智慧运营管理的重点内容，系统采用 FM＋BIM 相结合的可视化管理，在系统中融入 BIM 模型和设备设施信息，系统能直观地看到各楼层的水、暖、电专业的重要设备和构件的位置、状态、故障和报警信息，便于快速精准管理建筑内部海量的设备和构件信息。如图 4-140 所示。

和设施管理一样，机房运管理也是直接关系到建筑运行的关键工作。系统采用 BIM 可视化管理，在能直观地看到重要机房内的水、暖、电专业的重要设备的位置、状态、故障和报警信息。如图 4-141 所示。

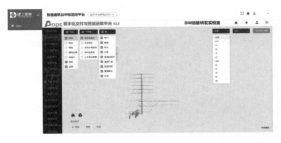

图 4-140　系统设施管理（FM）的 BIM 可视化成果　　图 4-141　项目机房运维管理 BIM 可视化成果

碳排放是衡量一个建筑是否满足绿色建筑、节能建筑的关键指标，系统为便于查询和展示建筑的运行碳排放量，按照规范将本建筑的水、电和燃气消耗折算出建筑的碳排放量，便于开展能耗和排放考核，敦促遵守排放指标运行。系统碳排放管理显示成果如图 4-142 所示。

图 4-142　系统碳排放管理显示成果

4.3.3　碳排放控制

4.3.3.1　工程概况

工程概况见表 4-11。

工程概况　　　　　　　　　　　　　　　　　　　表 4-11

工程名称	湖南创意设计总部大厦
工程地点	湖南省/长沙市/开福区
气候分区	夏热冬冷地区

工程类型		建筑工程—民用建筑	公共建筑—办公
采暖方式		集中供暖	市政热力管网供暖
结构类型		钢结构,装配式,筒体结构	
建筑面积(m²)		102934	
工期(天)		560	
工程造价(万元)		48544.50	
五方责任主体	建设单位	湖南建工同创置业有限公司	
	设计单位	湖南省建筑科学研究院有限责任公司	
	施工单位	湖南建投五建集团有限公司(湖南省第五工程有限公司)	
	监理单位	湖南省工程建设监理有限公司	
	勘察单位	中国有色金属长沙勘察设计研究院有限公司	

4.4　计算概述

本节以《建筑碳排放计算标准》GB/T 51366—2019 为计算依据,以湘建价〔2020〕56 号文《湖南省建设工程计价办法》及《湖南省建设工程消耗量标准》为基础,采用定额估算法,对各碳源"抓大放小",进行施工建材、建材运输以及施工建造的碳排放量计算,并进行详细的结果数据分析汇总。

4.4.1　计算结果

计算结果见表 4-12～表 4-14。

施工建材碳排放预算量　　　　　　　　　　　　　表 4-12

序号	材料名称	质量(kg)	二氧化碳排放量(kg)
1	黑色及有色金属	43728	36003000
2	电极及劳保用品等其他材料	55462	17438868
3	混凝土、砂浆及其配合比材料	8146	17094642
4	水泥、砖瓦灰砂石及混凝土制品	16900	5977952
5	其他	337327	19542855
合计			96057317

建材运输碳排放预算量　　　　　　　　　　　　　表 4-13

材料名称	运输方式	质量(kg)	运输距离(km)	二氧化碳排放量(kg)
混凝土	重型柴油货车运输(载重 30t)	133583	40	416779
砂浆	重型柴油货车运输(载重 30t)	8779	40	27390
砂石水泥	重型柴油货车运输(载重 30t)	8984	40	28029
砌体	重型柴油货车运输(载重 30t)	10342	40	32266

续表

材料名称	运输方式	质量(kg)	运输距离(km)	二氧化碳排放量(kg)
钢材	重型柴油货车运输(载重30t)	8109	40	25301
预制构件	重型柴油货车运输(载重30t)	9608	40	29977
其他		5453	160	18345
合计				578087

施工建造碳排放预算量　　　　　表 4-14

序号	施工建造碳排放源	用量(kg/kW・h)	二氧化碳排放量(kg)
1	柴油	1115968	21267
2	汽油	234593	35328
3	水	0	0
4	电	6969091	17555
合计			74150

4.4.2　分析汇总

4.4.2.1　按结构组成

碳排放结构组成如图 4-143 所示。

1. 施工建材（96057317 占 97%）

2. 建材运输（578086 占 1%）

3. 施工建造（2192492 占 2%）

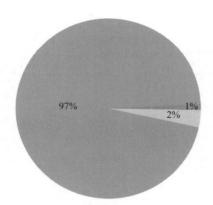

图 4-143　碳排放结构组成

4.4.2.2　按碳排放源统计

施工建材碳排放预算值如图 4-144 所示。

1. 黑色及有色金属（36003000 占 37%）

2. 其他（19542855 占 21%）

3. 混凝土、砂浆及配合比材料（17094642 占 18%）

4. 电极及劳保用品等其他材料（17438868 占 18%）

5. 水泥、砖瓦灰砂石及混凝土制品（5977952 占 6%）

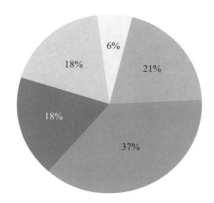

图 4-144　施工建材碳排放预算值

施工建材碳排放结算值如图 4-145 所示。

1. 电极及劳保用品等其他材料（2032000 占 29%）

2. 黑色及有色金属（1523000 占 22%）

3. 混凝土、砂浆及其配合比材料（1117000 占 16%）

4. 墙砖、地砖、地板、地毯类材料（872000 占 12%）

5. 水泥、砖瓦灰砂石及混凝土制品（835000 占 12%）

6. 轨道交通材料专用材料（360000 占 5%）

7. 其他（268000 占 4%）

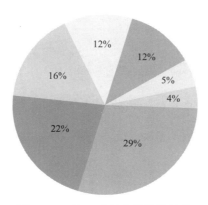

图 4-145　施工建材碳排放结算值

施工建造碳排放预算值如图 4-146 所示。

1. 电力（2399841 占 77%）

2. 柴油（669127 占 21%）

3. 汽油（54172 占 2%）

4．水（0 占 0%）

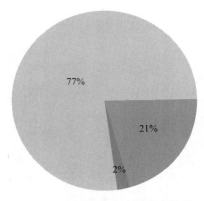

图 4-146　施工建造碳排放预算值

施工建造碳排放结算值如图 4-147 所示。

1．柴油（334089 占 63%）

2．电力（159808 占 30%）

3．汽油（38999 占 7%）

4．水（0 占 0%）

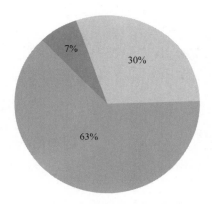

图 4-147　施工建造碳排放结算值

建材运输碳排放预算值如图 4-148 所示。

1．混凝土（416779 占 72%）

2．砌体（32266 占 6%）

3．砂石水泥（28029 占 5%）

4．砂浆（27390 占 5%）

5．预制构件（29977 占 5%）

6．钢材（25301 占 4%）

7．其他（18345 占 3%）

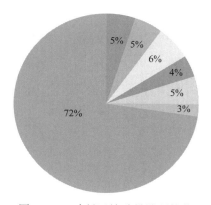

图 4-148　建材运输碳排放预算值

建材运输碳排放结算值如图 4-149 所示。

1. 混凝土（29869 占 75％）
2. 砂石水泥（6191 占 15％）
3. 钢材（1963 占 5％）
4. 其他（1929 占 5％）

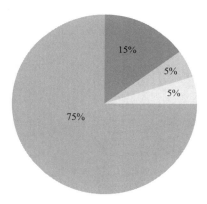

图 4-149　建材运输碳排放结算值

4.4.2.3　碳指标分析

经测算，项目施工预计将排放二氧化碳 99763t，其中施工建材消耗产生的隐含碳排放量达 96062t，占比 96.29％，建材运输过程产生的碳排量为 578t，占比 0.58％，施工建造过程产生的碳排量为 3123t，占比 3.13％。

截止到 2023 年 9 月，该项目现场共计排放二氧化碳 7581t，占项目总碳排预算量的 7.60％。其中施工建材消耗产生的隐含碳排放量达 7008t，占结算量的 92.44％，建材运输过程产生的碳排量为 40t，占结算量的 0.53％，施工建造过程产生的碳排量为 533t，占结算量的 7.03％。

经评估，项目预计单位面积二氧化碳排放量为 969kg/m^2，每万元二氧化碳排放量为 2418kg/万元。

第五章 回 顾

5.1 施工过程

施工过程如图 5-1～图 5-10 所示。

图 5-1 基坑土石方施工

图 5-2 基础施工

图 5-3 抗浮锚杆施工

图 5-4 基础承台施工

图 5-5 地下室结构施工

图 5-6 C 栋地下室顶板施工

图 5-7 A 栋主体混凝土施工

图 5-8 C 栋钢结构吊装施工

图 5-9 B 栋钢结构吊装施工

图 5-10 C 栋主体楼面钢筋施工

5.2 建成实景

建成实景如图 5-11～图 5-23 所示。

图 5-11　室外区域

图 5-12　公共区域

图 5-13　会议室

图 5-14　办公区域

图 5-15 夹层区域

图 5-16 监测中心

图 5-17 中央控制室

图 5-18 水泵房

图 5-19　地下车库

图 5-20　室外阳台

图 5-21　中庭景观

图 5-22　屋顶花园

图 5-23　垂直绿化

5.3　项目成果及奖项情况

5.3.1　专利技术

专利技术成果及类别见表 5-1。

<table>
<tr><td colspan="3" style="text-align:center">专利技术成果及类别</td><td style="text-align:right">表 5-1</td></tr>
<tr><td>序号</td><td colspan="2" style="text-align:center">成果名称</td><td>成果类别或级别</td></tr>
<tr><td>1</td><td colspan="2">一种剪力墙钢筋绑扎定型工装及方法</td><td>发明专利</td></tr>
<tr><td>2</td><td colspan="2">一种模数化的预制墙板靠式运输架</td><td>发明专利</td></tr>
<tr><td>3</td><td colspan="2">一种高层竖井电缆导向施工用限位、导向装置</td><td>发明专利</td></tr>
<tr><td>4</td><td colspan="2">一种带有喷药装置的垂直绿化架</td><td>实用新型专利</td></tr>
<tr><td>5</td><td colspan="2">一种空中花园</td><td>实用新型专利</td></tr>
<tr><td>6</td><td colspan="2">一种循环利用雨水的房顶绿化系统</td><td>实用新型专利</td></tr>
<tr><td>7</td><td colspan="2">一种雨水循环利用系统的雨水收集过滤池</td><td>实用新型专利</td></tr>
<tr><td>8</td><td colspan="2">一种挡边模具箍筋出筋孔封堵组合橡胶块</td><td>实用新型专利</td></tr>
</table>

序号	成果名称	成果类别或级别
9	一种方便调节的预埋线盒	实用新型专利
10	一种减重预制楼梯的模具	实用新型专利
11	一种墙板边模直连拼接磁盒工装	实用新型专利
12	一种连接楼板边模的磁盒工装	实用新型专利
13	一种通用式预制叠合模板模具	实用新型专利
14	一种预制叠合板上专用组装式线盒	实用新型专利
15	一种叠合板上专用组装式圆柱形线盒	实用新型专利
16	一种减重预制楼梯	实用新型专利
17	一种用于预制构件的组装式插筋定位卡具	实用新型专利
18	一种装配式预制柱钢筋定位工装	实用新型专利
19	一种装配式建筑混凝土预制柱的落位引导工装	实用新型专利
20	一种装配式预制墙板定位工装	实用新型专利
21	一种混凝土预制异形空调板转运存放工装	实用新型专利
22	一种装配式预制柱与预制梁连接定位工装	实用新型专利
23	管道套管定位扶正装置	实用新型专利
24	空调冷冻水管竖向防冷桥安装结构	实用新型专利
25	一种管道弯头固定支架	实用新型专利
26	一种用于设备移动及就位的吊装装置	实用新型专利
27	一种焊接管道快速组对装置	实用新型专利
28	一种钢构件平面钻叠板吊具	实用新型专利
29	一种塔式起重机附着装置(用于高层钢结构塔式起重机)	实用新型专利

5.3.2　工法

工法成果及类别见表5-2。

工法成果及类别　　　　　　　　　　　　　　　表5-2

序号	成果名称	成果类别或级别
1	层叠式预制电梯井安装工法	省级工法
2	民用高层建筑公共走廊机电管线综合布置施工工法	省级工法
3	一种绿植单元体幕墙的施工	省级工法
4	超长小截面薄壁箱形型钢管混凝土柱混凝土浇筑施工工法	省级工法
5	高层装配式钢结构建筑钢框架＋支撑系统施工工法	省级工法

5.3.3　科研成果

科研成果及类别见表5-3。

科研成果及类别　　　　　　　　　　　　　　　　　　　　　　　表 5-3

序号	成果名称	成果类别或级别
1	提高节鞭式预制设备基础施工质量	省级 QC
2	提高预制地砖施工质量	省级 QC
3	提高承台模施工质量	省级 QC
4	提高灌浆套筒灌浆饱满度	省级 QC
5	提高旋挖桩合格率 QC 小组	省级 QC
6	提高超厚大体积混凝土施工质量合格率	省级 QC
7	箱形型钢柱非对称单丝熔嘴电渣焊焊接质量控制	省级 QC
8	提高超高层钢框架结构钢梁穿孔精度质量	省级 QC
9	提高超高层钢框架结构钢梁加腋施工质量控制	省级 QC

5.3.4　获奖情况

获奖成果名称及成果类别见表 5-4，科研成果及类别见表 5-5。

获奖成果名称及成果类别　　　　　　　　　　　　　　　　　　表 5-4

序号	成果名称	成果类别或级别
1	绿色建筑设计标识	二星级、三星级
2	湖南省钢结构金奖	省级奖项
3	湖南省钢结构优秀工程	省级奖项
4	长沙市结构优良工程	市级奖项
5	长沙市建筑施工绿色工地	市级奖项
6	湖南建工集团 2020 年度创建全优工程示范项目	集团奖项
7	湖南建工集团 2020 年优秀"书记项目"	集团奖项

科研成果及类别　　　　　　　　　　　　　　　　　　　　　　表 5-5

序号	成果名称	成果类别	发表时间	刊物名称
1	《办公建筑智能化系统工程设计》	论文	2020	建筑技术开发
2	《基于绿色建筑设计理念的公共建筑园林景观设计研究》	论文	2020	中国房地产业
3	绿色建筑评价标准引导下的建筑设计实践——以湖南创意设计总部大厦项目为例	论文	2020.06	中外建筑
4	《某办公建筑的建筑能耗管理系统设计及分析》	论文	2021	电子技术与软件工程
5	《关于建筑师负责制在绿色智能建筑运用初探》	论文	2021.05	中华建设
6	《EPC 模式下的 BIM 设计管控》	论文	2021.05	基层建设
7	《湖南创意设计总部大厦装配式结构体系综合运用》	论文	2021.06	房地产导刊
8	《基于 ARM-FPGA 的汽轮发电机组状态监测装置设计及应用》	论文	2021.06	自动化与仪器仪表

序号	成果名称	成果类别	发表时间	刊物名称
9	《湖南创意设计总部大厦项目结构设计》	论文	2021.07	中华建设
10	《关于办公建筑空调形式的应用与探讨》	论文	2021.09	建筑工程技术与设计
11	《BIM技术在湖南创意设计总部大厦项目装配式实践与应用》	论文	2021.09	建筑工程技术与设计
12	《总部大厦建筑师负责制试点工作实施方案》	论文	2021.10	建筑技术开发
13	《基于BIM技术的装配式建筑全生命周期的实践与应用》	论文	2022.02	工程建设与设计
14	像素盒子——湖南创意设计总部大厦	论文	2022.04	中外建筑
15	《某办公建筑可再生能源技术综合应用分析与实践》	论文	2022.8	工程技术
16	《夏热冬冷地区办公建筑幕墙选型的节能分析》	论文	2022.10	城市周刊

5.4　参与方简介

5.4.1　湖南建设投资集团有限责任公司

5.4.1.1　企业基本情况

湖南建设投资集团有限责任公司成立于2022年7月，由原湖南建工集团有限公司与湖南省交通水利建设集团有限公司合并组建而成，是一家以工业民用建筑施工、路桥市政建设施工、水利水电水务水运港口码头建设施工、房地产、工程建筑勘察设计咨询等为主业的大型千亿级国有企业集团，主体信用等级为AAA。集团正大力弘扬"一流 创新 诚正奉献"的企业精神，乘改革东风，奋勇前行。

5.4.1.2　实力强劲，品牌一流

在投资、建设、运营的建筑业产业链上具备较强实力，集团注册资本400亿元，总资产约2200亿元，净资产约660亿元，年施工能力3000亿元以上，年经营规模、完成产值、实现营业收入均超过千亿元。拥有7家特级、多家一级总承包资质子公司。现有包括51名博士、2300名硕士在内的共计4万多名在册职工。其经营区域已覆盖全中国，在亚洲、非洲、拉丁美洲和大洋洲等50多个国家和地区建有公司或者工程项目部。连续入选"中国企业500强""ENR国际承包商250强""中国承包商及工程设计企业双60强"。为湖南省第一家获评"省长质量奖"的省属建筑企业，并荣获"全国五一劳动奖章""全国优秀施工企业""全国建设科技进步先进集体"等称号。

5.4.1.3　勇于创新，技术领先

拥有全国唯一的装配式建筑科技创新基地，先后获批国家博士后科研工作站等科研平台。湘西矮寨大桥展现了国内最高的设计、施工水平，创下四项"世界第一"，被习近平盛赞为"中国的圆月亮"，"轨索滑移法"被世界公认为"第四种架桥方法"。围绕智能建造、新型建筑工业化、建筑产业互联网三大方向，成立"中湘智能建造有限公司"，为湖南首家建筑行业智能建造企业；"像造汽车一样造房子"，发展"金鳞甲"钢结构模块化建筑；与中国建设银行湖南省分行合作开发"易匠通"专业用工服务平台，解决劳务实名制管理与工资发放相互割裂的问题，保障劳务人员合法权益。

5.4.1.4　质量立企，精工细作

先后承建或参建了矮寨大桥、长株潭城际西环线、平益高速、长沙贺龙体育馆、长沙黄花国际机场、湖南省博物馆、港珠澳大桥、塞内加尔竞技摔跤场等国内外标志性经典工程。先后有 1000 余项工程获评鲁班奖、詹天佑奖及林德恩斯大奖、GRAA 国际道路成就奖等，累计荣获 1600 余项国家级和省部级设计、施工、科技奖项。其中国家科技进步奖一等奖 1 项，国家科技进步奖二等奖 10 项，中国建设工程最高奖，鲁班奖 135 项。主持或参与了包括京港澳国道主干线、湘西矮寨大桥、长沙霞凝港在内的湖南省 90％以上的交通、水利重点项目的工程建设。湖南醴潭高速、广西崇靖高速、福建邵光高速，以及省内最大 BOT 项目平益高速更是打造了重点项目建设的新模式、新标准和新标杆。

5.4.1.5　敢于担当，奉献社会

履行国企经济责任、政治责任、社会责任，高质量完成湖南省易地扶贫搬迁项目近 600 万平方米的建设任务，获评"全国脱贫攻坚先进集体"。落实习近平对边境小康村建设的指示精神，圆满完成西藏玉麦边境小康乡村建设。援建塞内加尔竞技摔跤场项目，由习近平向萨勒移交项目"金钥匙"，成为中塞友谊新标志。并在汶川抗震救灾、精准扶贫、乡村振兴、除冰保畅、水上救援和新冠肺炎大爆发的防控中，充分展现出国有企业的社会责任担当。

置身新时代，开启新征程。湖南建设投资集团将以习近平新时代中国特色社会主义思想为指导，全面深入贯彻党的二十大精神，重点围绕建筑业打造设计、施工、运营和投融资产业链，成为链主企业，致力建设世界一流的建设投资企业。

5.4.2　湖南省建筑科学研究院有限责任公司

5.4.2.1　企业基本情况

湖南省建筑科学研究院有限责任公司与下设全资子公司湖南省建设工程质量检测中心有限责任公司均被认定为高新技术企业。现拥有城乡规划编制甲级规划资质、建筑行业（建筑工程）甲级设计资质、风景园林工程专项甲级设计资质、市政行业（给水工程）专业甲级设计资质、房屋建筑工程甲级监理资质、市政行业（排水工程、道路工程、环境卫生工程）专业乙级设计资质、建筑行业（人防工程）乙级设计资质、水利行业丙级设计资质、农林行业（农业综合开发生态工程）乙级设计资质、工程测量专业和岩土工程专业乙级勘察资质、市政公用工程乙级监理资质、工程造价乙级资质以及建筑工程、市政公用工程乙级资信。钢结构工程专业承包壹级、特种工程（结构补强）专业承包不分等级施工资质、防水防腐保温工程专业承包壹级施工资质、建筑装修装饰工程专业承包贰级施工资质、地基基础工程专业承包叁级施工资质及建设项目代建管理。并连续 19 年获得 ISO9001 质量管理体系认证。

5.4.2.2　装配式建筑发展情况

湖南省建筑科学研究院有限责任公司近 3 年装配式设计项目 25 项，装配式相关研究 2

项，专利 4 项。2021 年开展装配式相关培训 2 次，《装配式建筑质量验收方法及标准体系》《湖南创意设计总部大厦多专业装配式建筑技术综合应用》申报装配式建筑应用创新单项奖，其中《装配式建筑质量验收方法及标准体系》荣获国家 2020—2021 "建筑应用创新大奖" —单项应用创新类。

湖南省建筑科学研究院有限责任公司掌握了装配式混凝土、装配式钢结构、装配式木结构设计技术及装配式围护结构、装配式装修、装配式园林景观技术。研究开发了层叠式预制混凝土电梯井道、共轴承插型预制一体化卫生间、层叠式预制混凝土设备管道井、轻钢龙骨聚苯颗粒混凝土复合墙等产品。对装配式建筑行业有重要作用，荣获湖南省住宅产业化促进会 2020 年度推进湖南省装配式建筑发展企业贡献单位。

5.4.3　湖南建投五建集团有限公司（湖南省第五工程有限公司）

湖南建投五建集团有限公司（湖南省第五工程有限公司）现有员工 7000 多人，各类专业技术人员逾 2000 人，其中高级职称 200 余人，中级职称 1000 余人，一级建造师 150 余人，二级建造师 200 余人。公司拥有资产总额 10 亿元，各类大、中型施工设备 1280 台（套），年施工生产能力 100 亿元以上。公司具有房屋建筑工程施工总承包、机电安装工程施工总承包、市政公用工程施工总承包、高耸构筑物工程专业承包、建筑装修装饰工程专业承包、土石方工程专业承包、钢结构工程专业承包、地基与基础专业承包、消防设施工程专业承包、建筑智能化工程专业承包、附着升降脚手架工程专业承包、劳务专业承包等 10 余项一级资质和公路工程施工总承包、水利水电工程施工总承包、起重设备安装、园林古建筑等数项二级资质。公司下设安装、路桥、机械化施工、设备租赁、金属架料租赁、科研设计、房地产开发、物业管理等专业附属单位，拥有实力雄厚的三大劳务公司，经改制分离成立了 8 家具有独立法人资格的控股子公司。在北京、重庆、广东、广西、福建、辽宁、浙江、贵州、四川、湖北、江西、陕西、云南等地设有分公司。

5.4.4　湖南建工同创置业有限公司

湖南建工同创置业有限公司办公室地址位于湖南省省会星城长沙，湖南省长沙市开福区鸭子铺路 1 号 146 房 2 室，于 2019 年 09 月 02 日在长沙市市场监督管理局注册成立，注册资本为 5000 万元，在公司发展壮大的 3 年里，我们始终为客户提供好的产品和技术支持、健全的售后服务。该公司主要经营房地产开发经营；物业管理；自建房屋的销售；房屋租赁；基础设施投资；房地产投资；储备土地前期开发及配套建设；城乡基础设施建设；市政设施管理；多媒体设计服务；移动互联网研发和维护；数字动漫制作；文化创意；产业园区及配套设施项目的建设与管理。

5.5　宣传

2020 年 4 月 28 日下午，时任湖南省委书记杜家毫莅临集团湖南创意设计总部大厦建设现场，听取项目建设情况，对集团克服防疫和防汛双重压力，攻坚克难、群策群力加快项目建设表示肯定和赞许。省领导胡衡华、谢建辉、张剑飞参加调研，集团党委书记、董事长叶新平，党委委员、副总经理陈浩现场参加汇报，如图 5-24 所示。

图 5-24　省委书记视察集团湖南创意设计总部大厦项目

2020 年 10 月 15 日，在湖南建投五建集团有限公司的主办下，周湘华副院长为鲁班奖和詹天佑奖发表讲话。后又围绕技术交流等主题，以誓师大会，领导现场调研，指导等灵动方式，在施工第一线陆续展开一系列活动。如图 5-25～图 5-30 所示。

图 5-25　湖南省装配式建筑技术交流与观摩会成功举行

图 5-26　湖南省建科院副院长周湘华主持创鲁班奖、詹天佑奖誓师大会

图 5-27　省建科院党委书记、董事长戴勇军
一行调研湖南创意设计总部大厦项目

图 5-28　院领导班子现场指导工作

图 5-29　湖南建科院副院长周湘华现场指导工作

图 5-30　建筑一院副院长肖经龙现场指导工作

　　针对该项目，周湘华副院长受邀参与土木大讲堂公益讲座，对项目进行分享并与各嘉宾进行学习交流，这次讲座周湘华副院长的成果报告为《BIM 技术与运用—BIM 助力绿色建筑智慧建造》，如图 5-31 所示。

图 5-31　公益讲座

　　2021 年 2 月 25 日时任湖南省副省长谢卫江调研马栏山项目建设情况，集团党委书记、董事长蔡典维，党委委员、副总经理贺源，院党委书记、董事长戴勇军，总建筑师、副院

长周湘华及五公司、建工同创主要领导陪同，如图5-32所示。

图 5-32 时任湖南省副省长谢卫江调研马栏山项目建设情况

2021年4月21日下午，时任住房和城乡建设部副部长张小宏，湖南省住房和城乡建设厅厅长鹿山一行调研湖南建工集团承建的湖南创意设计总部大厦项目，如图5-33所示。

图 5-33 时任住房和城乡建设部副部长张小宏赴湖南创意设计总部大厦项目调研

张小宏现场听取了湖南创意设计总部大厦项目装配式建筑体系、先进工艺、示范性技术、智慧建筑、建设进度等情况汇报，对项目的建设情况给予高度肯定。

2021年5月19日湖南省建科院院党委书记董事长戴勇军陪同时任住房和城乡建设部标准定额司一级巡视员倪江波一行视察湖南创意设计总部大厦项目，建工集团技术研发部肖鹏部长、建工集团程控部副总经理彭琳娜等参加，我院总建筑师、副院长周湘华副院长现场解说，如图5-34所示。

湖南省住房和城乡建设厅建筑节能与科技处处长何小兵、长沙市建设工程质量安全监督站站长王顺、湖南省住宅产业化促进会（联盟）秘书长巢聘余等领导致辞，湖南省钢结构行业协会秘书长段新刚、湖南省安装行业协会副会长兼秘书长马婷出席，活动由集团党委委员、副总经理陈浩主持。

长沙市政府常务会议于2021年5月25日审议并通过了《2021年度长沙市"精美长沙"建设工作方案》（以下简称"工作方案"）。工作方案进一步明确了2021年度"精美

图 5-34　时任住房和城乡建设部标准定额司一级巡视员倪江波一行视察湖南创意设计总部大厦项目

长沙"建设工作的具体工作任务，按照精美建筑、精美街道、精美社区、精美环境、精美生活五个方面进行了工作任务分解，基于"打造样板、以点带面"的思路，在"精美长沙"示范项目库中梳理选取了 30 个具有典型示范效应的项目，形成了 2021 年第一批"精美长沙"建设示范项目计划，如图 5-35 所示。

图 5-35　精美建筑

2022 年 6 月 7 日，由湖南省勘察设计协会组织的湖南省建筑师负责制的内容研究与讨论专题会议顺利召开。会上，针对湖南创意设计总部大厦建筑师负责制试点案例进行讲解，课题从项目背景、实施方案、实施过程、成果示范、评价、总结与思考等多方面介绍了该项目运用建筑师负责制的做法。湖南创意设计总部大厦是湖南省首个建筑师负责制项目，对构建新的建筑市场准入制度、提高管理效能具有积极意义，能够有效转变现有的工程建设管理方式，激发建筑师的创作激情、全过程的技术监管和协调管控，从而促进建设领域设计水平和项目管理能力的提升，推动行业高质量发展。2022 年 6 月 28 日，在湖南建工集团 2022 年第 1 次科技项目结题验收评审会中通过了《湖南创意设计总部大厦建筑师负责制实施内容研究和示范》项目结题评审，如图 5-36 所示。

图 5-36　湖南省建筑师负责制的内容研究与讨论专题会议

2022 年 7 月 20 日上午，在湖南创意设计总部大厦召开了由湖南建工集团有限公司主办的湖南创意设计总部大厦观摩暨中国土木工程学会"绿色建造技术及工程应用典型案例"课题座谈会，如图 5-37 所示。

资讯｜湖南创意设计总部大厦观摩暨中国土木工程学会"绿色建造技术及工程应用典型案例"课题座谈会今日召开

湖南省绿色建筑与钢结构行业协会　2022-07-20 21:29　发表于湖南

点击蓝字／关注我们，了解更多行业资讯

2022年7月20日上午，在湖南创意设计总部大厦召开了由湖南建工集团有限公司主办的"湖南创意设计总部大厦观摩暨中国土木工程学会"绿色建造技术及工程应用典型案例"课题座谈会。

图 5-37　座谈会

　　湖南省装配式建筑发展联席会议办公室副主任欧阳仲贤，中国土木学会总工委副理事长胡德均、薛永武、杨健康、吴飞、赵正嘉、李娟、秘书长李景芳一行出席会议，中铁十局集团、中建五局、中建七局、中建三局、中铁建工集团、中铁建设集团、中国五冶集团等企业相关领导参加会议，湖南省第五工程有限公司党委书记、董事长龙兴致欢迎词，湖南建工集团有限公司党委委员、副总经理、总工程师陈浩主持会议。湖南省绿色建筑与钢结构行业协会受邀出席会议。

　　2023 年 8 月 30 日，湖南省住房和城乡建设厅组织召开了科技示范项目——《湖南创意设计总部大厦装配式绿色建筑示范项目》验收评审会，顺利通过验收，如图 5-38 所示。

图 5-38　验收评审会

参考文献

[1] 张檀秋. 绿色发展理念下我国城市绿色建筑发展的研究 [D]. 云南师范大学，2020.

[2] 张少山. 我国绿色建筑的发展现状 [J]. 城市建设理论研究（电子版），2018（20）：26＋15.

[3] 赵安启，刘念. 中国古代建筑朴素的绿色观念概说 [J]. 西安建筑科技大学学报（社会科学版），2010，29（01）：36-40＋46.

[4] 冯军. 探寻绿色建筑的发展意义及其设计理念 [J]. 建设科技，2017（16）：66-67.

[5] 吴耀华. 绿色建筑体系中建筑智能化的应用 [J]. 城市建筑，2020，17（30）：90-92.

[6] 王益. 绿色建筑本土化研究 [J]. 华中建筑，2007（01）：32-34.

[7] 连世洪，梁浩. 国内外绿色建筑发展对比研究 [J]. 建设科技，2021（11）：75-80.

[8] 周鑫腹，王猛猛，宋达，等. 绿色建筑评价体系：中日对比研究 [J]. 中外建筑，2019（12）：38-41.

[9] 崔鹏，李德智，金常忠. 发达国家建业低碳发展成熟经验 [J]. 建筑，2019（23）：56-59.

[10] 廖虹云. 推进"十四五"建筑领域低碳发展研究 [J]. 中国能源，2021，43（04）：7-11.

[11] 林波荣，侯恩哲. 今日谈"碳"——建筑业"能""碳"双控路径探析（1）[J]. 建筑节能（中英文），2021，49（05）：1-5.

[12] 赵喆骅，李晓芸. 被动优先的绿色建筑设计探析——以深圳建科院大楼及山东建筑大学教学实验综合楼为例 [J]. 建筑节能，2017，45（11）：21-28＋45.

[13] 叶青. 绿色建筑共享——深圳建科大楼核心设计理念 [J]. 建设科技，2009（08）：66-70.

[14] 袁小宜，叶青，刘宗源，等. 实践平民化的绿色建筑——深圳建科大楼设计 [J]. 建筑学报，2010（01）：14-19.

[15] 李铮，程开，段然，等. 传统与现代相融的绿色建筑——中衡设计集团研发中心 [J]. 建筑技艺，2016（07）：74-79.

[16] 冯正功，高霖. 多层次园林空间在 CBD 高层建筑中的应用——中衡设计集团研发中心办公空间解析 [J]. 建筑技艺，2016（01）：22-31.

[17] 冯正功，黄琳. 现代园林中的人文办公——中衡设计集团研发中心设计解析 [J]. 建筑学报，2015（12）：70-71.

[18] 柴培根，周凯，修龙，等. 中国建筑设计研究院·创新科研示范中心 [J]. 世界建筑导报，2019，34（05）：122-129.

[19] 柴培根，周凯，任玥. 创作札记：大院儿里的大院 [J]. 建筑学报，2019（06）：15-17.

[20] 修龙. 创新科研示范中心 [N]. 中国建设报，2013-04-03（004）.

[21] 曾巍，郝军，徐稳龙，等. 城市更新过程中的绿色建筑实践——中国建筑设计研究院（集团）创新科研示范楼绿色建筑设计 [J]. 暖通空调，2012，42（10）：26-29.

[22] 肖经龙，林业达. 绿色建筑评价标准引导下的建筑设计实践——以湖南创意设计总部大厦项目为例 [J]. 中外建筑，2020（06）：4.

[23] 周湘华，林业达. 像素盒子——湖南创意设计总部大厦 [J]. 中外建筑 [2023-09-03].

后　记

　　科技创新与绿色发展，特别是绿色建筑的研究与应用是我国可持续发展的重大举措。《高装配率绿色建筑及建造示范湖南创意设计总部大厦建造纪实》一书，通过马栏山项目，为公众分享身边的绿色建筑，以装配式建筑在"绿色"中的优点以及其广阔前景，响应时代的号召，大力发展绿色建筑，体现新时代的建筑追求。通过该项目取得的成果和积累的丰富经验，总结出适合的绿色建筑技术，希望能为工程建设领域科技工作者提供参考与借鉴。

　　本书在编著过程中得到了湖南建设投资集团有限责任公司、湖南省建筑科学研究院有限责任公司、湖南省第五工程有限公司、湖南建工同创置业有限公司的各位领导、专家、教授和学者的大力支持和帮助，在此致以衷心的感谢与崇高的敬意。

　　由于编者水平有限，书中如有不足之处，敬请读者批评指正。

编者

2022 年 11 月